태양광발전
시스템 운영

머 리 말

최근 우리 사회에서의 환경은, 화석연료의 과다사용으로 인한 지구온난화와 태풍, 가뭄, 폭우 등의 예측 불허한 기상이변이 빈번히 발생하고, 환경오염에 의한 생태계 파괴가 가속화되고 있으며, 그에 따른 세계적인 유가폭등 및 기후변화협약의 규제가 강화되고 그에 따라 탄소 배출량 규제 등의 광범위한 문제들이 제기됨에 따라, 이 문제들을 타개하기 위하여, 범국가적인 차원에서 경제적이면서도 지속적인 방향으로 환경을 보전할 수 있는 신재생에너지의 필요성이 대두되고 있습니다.

신재생에너지란 기존의 화석연료를 변환시켜 이용하거나 햇빛, 물, 지열, 생물 유기체 등을 포함하는 재생 가능한 에너지를 변환시켜서 이용하는 에너지로, 그것의 필요성은 화석 에너지를 대체할 수 있으면서도 환경파괴를 야기하지 않는다는 것만으로도 전 세계적으로 활발히 연구되고 국가차원에서 시행 및 진행되고 있는 바입니다.

우리나라에서 규정한 신재생에너지로는 8개 분야로 되어있는 재생에너지가 있으며, 그것들은 태양열, 태양광발전, 바이오매스, 풍력, 소수력, 지열, 해양, 폐기물 에너지로 구성되어 있으며, 그 외에 3개 분야의 신에너지인 연료전지, 석탄 액화 가스화, 수소에너지가 있으며 이 밖에도 총 28개의 분야로 나뉘어서 지정되어 있습니다.

이러한 신재생에너지들을 보급, 지원하기 위하여 정부 차원에서도 태양광, 태양열, 지열 등의 신재생에너지 주택 설치 및 보급에 힘쓰고 있으며, 그것의 지원, 기술개발 및 기술표준화 작업을 지속해 오고 있고, 이에 따라 그것을 다룰 수 있는 미래 에너지산업을 선도할 전문적인 핵심인재 양성 방안 또한 부각됨에 따라, 신재생에너지 발전설비기사 자격시험이 시행되어야 할 필요성이 대두되었습니다.

2013년 9월 28일 태양광 전문 자격증인 신재생에너지 발전설비기사(산업기사) 시험이 처음으로 시행되고 있으며, 여기서 말하는 신재생에너지 발전설비기사란 이러한 신재생에너지들을 전반적으로 다루는 직종이며, 주로 태양광의 기술이론 지식으로 설계,

시공, 운영, 유지보수, 안전관리 등의 업무를 수행할 수 있는 능력을 검증받은 전문가를 일컬으며, 이는 최근 정부가 역점을 두고 있는 저탄소 녹색성장 분야 인력양성 방안의 일환으로 추진되는 것으로써, 해당 과정이 개설 될 경우 향후 대체 에너지로 주목받고 있는 태양광 발전 산업분야에서의 전문적인 기술 인력의 체계적 육성이 가능할 수 있음을 알 수 있습니다.

이와 같은 정부 주도의 태양광 사업에 참여하기 위해서는 이 신재생에너지 발전설비기사 자격증이 필요하며, 자격증을 얻었을 때 신재생에너지 발전소나 모든 건물 및 시설의 신재생에너지 발전시스템 설계 및 인. 허가, 신재생에너지 발전설비 시공 및 감독, 신재생에너지 발전시스템의 시공 및 작동상태를 감리, 신재생 에너지 발전설비의 효율적 운영을 위한 유지보수 및 안전관리 업무 등을 수행할 수 있는 곳에 취업할 수 있다는 점을 들 수 있습니다.

이러한 신재생에너지 발전설비기사(산업기사)를 준비하고자 하는 수험생들을 위하여 이 책을 펴내었으며, 본 자격증 시험 합격을 위한 시험내용과 개념 등을 편집하였고, 핵심문제만을 엄선하여 뽑아냄과 동시에 그것에 대한 상세한 해설정리를 통한 이해 등을 통하여 본 책을 구독하는 수험생들에게 도움을 주고자 하는 방향으로 출판하게 되었습니다.

공부하시다가 족집게 및 기출문제 그리고 정오표와 궁금한 사항이 있으시면 카페에 질문글을 올려주시면 성심껏 답해드리겠습니다.
카페주소는 다음카페 신재생에너지발전설비/태양광/기사에 도전하는 사람들(신도사) 입니다.

끝으로 좋은 책을 만들기 위해 어려운 상황에서도 끝까지 애써주신 한올출판사 임순재 대표님과 최혜숙 실장님 이하 임직원 여러분께 감사의 마음을 전합니다.

차 례

제1부 태양광발전시스템 운영 1

제1절 태양광발전의 개요 2

1. 태양광발전(太陽光發電) 2
2. 태양광발전의 일반적인 특성 2
3. 국내의 태양광발전 기술개발 3

제2절 운영방법 및 사업개시 4

1. 태양광발전시스템 운영방법 4
(1) 태양광발전시스템 구성 4
(2) 태양광발전시스템 운영 시 비치하여야 할 목록 4
(3) 태양광발전시스템 운영방법 5
2. 사업개시 6
(1) 사업허가신청 시 제출서류 6
(2) 사업계획서 작성요령 7

제3절 태양광발전시스템 운전 11

1. 태양광발전시스템 운영체계 및 절차 11
(1) 태양전지 어레이 11
(2) 중간단자함(접속함) 11
(3) 인버터 11
(4) 태양광발전용 개폐기, 전력량계, 인입구, 개폐기 등 11
(5) 운전·정지 11
(6) 발전전력 11
2. 태양광발전시스템 운전조작방법 12
(1) 정상운전 12
(2) 태양전지 전압이상 시 운전 12
(3) 인버터 이상 시 운전 12
3. 태양광발전시스템 동작원리 12
(1) 태양광발전시스템의 분류 12
(2) 태양광발전시스템의 구성요소 13
(3) 축전지(蓄電池, Storage battery) 15
(4) 충·방전 컨트롤러 17

(5) 인버터 18
4. 태양광발전시스템의 운영 점검사항 19
(1) 시스템 준공 시의 점검 19
(2) 일상점검 21
(3) 정기점검 21
(4) 점검계획 수립 시 고려사항 23
(5) 점검의 분류 및 내용 23
5. 태양광발전시스템 계측 24
(1) 점검방법과 시험방법 24
(2) 계측기기 등의 설치목적 32
(3) 계측·표시에 필요한 기기 32
(4) 홍보용 표시장치 33
(5) 주택용 시스템의 경우 33
(6) 계측을 위한 소비전력 34

제2부 태양광발전시스템 품질관리 39

제1절 성능평가 40

1. 성능평가 개념 40
2. 성능평가를 위한 측정요소 40
(1) 일반적인 성능평가의 분류 40
(2) 태양광발전시스템 성능분석 용어 및 산출방법 41
(3) 성능평가를 위한 측정요소 43
(4) 태양전지 특성측정을 위한 장치구성 43
(5) 태양전지 모듈의 특성 판정기준 44
(6) 표시사항 50

제2절 품질관리 기준 52

1. KS. ISO기준 및 IEC 기준규격(태양광 모듈의 내구성에 관하여) 52
(1) 태양광 모듈의 내구성에 미치는 영향 52
(2) 물리적 영향 55
(3) 내구성 조사분석 및 원인분석 57
(4) 태양광 모듈 손실특성 58

2. KS 기준규격 ···· 61
(1) 결정계 태양전지 셀 분광감도 특성 측정방법(KS C 8525) ···· 61
(2) 결정계 태양전지 모듈 출력 측정방법(KS C 8526) ···· 61
(3) 결정계 태양전지 셀·모듈 측정용 솔라 시뮬레이터(KS C 8527) ···· 61
(4) 결정계 태양전지 셀 출력 측정방법(KS C 8528) ···· 61
(5) 결정계 태양전지 셀·모듈의 출력전압·출력전류의 온도계수 측정방법 (KS C 8529) ···· 61
(6) 태양광 발전용 납축전지의 잔존용량 측정방법(KS C 8532) ···· 62
(7) 태양광 발전용 파워 컨디셔너의 효율 측정방법(KS C 8533) ···· 62
(8) 태양전지 어레이 출력의 온사이트 측정 방법(KS C 8534) ···· 62
(9) 태양광발전시스템 운전특성의 측정방법(KS C 8535) ···· 62
(10) 독립형 태양광발전시스템 통칙(KS C 8536) ···· 62
(11) 2차 기준 결정계 태양전지 셀(KS C 8537) ···· 62
(12) 어모퍼스 태양전지 셀 출력 측정방법(KS C 8538) ···· 63
(13) 태양광 발전용 장시간율 납축전지의 시험방법(KS C 8539) ···· 63
(14) 소출력 태양광 발전용 파워 조절기의 시험방법(KS C 8540) ···· 63
3. IEC 기준 규격 ···· 63
(1) 건축 전기 설비-제7-712부 ···· 63
(2) 태양전지 소자-제1부 ···· 64
(3) 태양전지 소자-제2부 ···· 64
(4) 태양전지 소자-제3부 ···· 65
(5) 태양광발전 소자-제4부 ···· 65
(6) 태양전지 소자-제5부 ···· 66
(7) 태양광 발전 소자-제6부 ···· 66
(8) 태양전지 소자-제7부 ···· 67
(9) 태양전지 소자-제8부 ···· 67
(10) 태양전지 소자-제9부 ···· 67
(11) 태양광발전 소자-제10부 ···· 68
(12) 태양광발전시스템의 과전압 방지책(KS C IEC 61173) ···· 69
(13) 독립형 태양광발전시스템의 특성변수(KS C IEC 61194) ···· 69
(14) 지상 설치용 결정계 실리콘 태양전지(PV) 모듈-설계 적격성 확인 및 형식 승인 요구사항(KS C IEC 61215) ···· 70
(15) 지상용 태양광발전시스템-일반사항 및 지침(KS C IEC 61277) ···· 70
(16) 태양광 모듈의 자외선 시험(KS C IEC 61345) ···· 70
(17) 태양광발전에너지시스템(PVES)에 사용하는 이차 단전지 및 전지-일반 요구사항 및 시험방법(KS C IEC 61427) ···· 71
(18) 지상용 박막 태양광 모듈의 설계요건과 형식인증(KS C IEC 61646) ···· 71
(19) 태양광발전시스템-파워 조절기-효율측정 절차(KS C IEC 61683) ···· 72

(20) 태양전지(PV) 모듈의 염수분무시험(KS C IEC 61701) 72
(21) 직결형 태양광발전(PV) 펌핑시스템 평가(KS C IEC 61702) 73
(22) 태양광발전시스템 성능 모니터링-데이터 교환 및 분석을 위한 측정지침 (KS C IEC 61724) 73
(23) 태양광발전시스템-교류계통 연결특성(KS C IEC 61727) 74
(24) 태양광발전(PV) 모듈 안전조건-제1부 74
(25) 태양광발전(PV) 모듈 안전조건-제2부 75
(26) 결정계 실리콘 태양전지 어레이-현장에서의 전류-전압 특성측정 (KS C IEC 61829) 76
(27) 태양광발전에너지시스템-용어 및 기호(KS C IEC 61836) 76
(28) 태양광발전시스템의 주변장치-설계검증을 위한 일반요건(KS C IEC 62093) 77
(29) 집광형 태양광발전(CPV) 모듈 및 조립품-설계검증 및 형식승인 (KS C IEC 62108) 78
(30) 독립형 태양광발전(PV)시스템-설계검증(KS C IEC 62124) 78

제3부 태양광발전시스템 유지보수 85

제1절 유지보수 개요 86

1. 유지보수 의의 86
2. 보수점검 시 유의사항 86
(1) 점검 전의 유의사항 86
(2) 점검 후의 유의사항 87
3. 공통 점검사항 87
(1) 녹이 슬거나 도장의 벗겨짐 87
(2) 기 타 88

제2절 유지관리 세부내용 89

1. 발전설비 유지관리 89
(1) 태양광발전설비 운영방법 89
(2) 태양광발전시스템 운영 시 비치 목록 90
2. 송전설비 유지관리 90
(1) 점검의 분류와 점검주기 90
(2) 일상순시점검 91
(3) 정기점검 91
(4) 일시점검 91
3. 태양광발전시스템 고장원인 92
(1) 보수점검의 실제 92

(2) 점검계획 수립 시 고려사항 92
(3) 점검의 분류 및 내용 93
4. 태양광발전시스템 문제진단 94
(1) 점검기준 94
(2) 전기 시설물 점검요령일지 99
5. 태양광발전시스템 Trouble Shooting 처리방법 100
(1) 운전상태에 따른 시스템의 발생신호 100
(2) 인버터 이상신호 조치방법 100
(3) 검사장비 101
6. 발전형태별 정기보수 102
(1) 태양광발전시스템의 운전 및 관리 102
(2) 태양광발전시스템 시운전 103
(3) 연계용량에 따른 계통의 전기방식 104
(4) 계통연계를 위한 동기화 변수 제한범위 104
(5) 비정상 전압과 비정상 주파수에 대한 분산형 전원 분리시간 105
(6) 보호장치 설치 107
7. 발전형태별 점검사항 107
(1) 일상순시점검 107
(2) 정기점검사항 109
8. 처 리 118
(1) 일상정기점검에 의한 처리 118
(2) 부품교환 121
제3절 모니터링 데이터를 이용한 유지보수 방법 122
1. 태양광발전 모니터링 시스템 122
(1) 태양광발전 모니터링 시스템 개요 122
(2) 태양광발전 모니터링 시스템 구성요건 122
(3) 태양광발전 모니터링 시스템 구성요소 122
(4) 태양광발전 모니터링 프로그램 기능 123
2. 모니터링 설비 설치기준 124
(1) 설비 해당 여부에 대한 기준 124
(2) 모니터링 설비 요구사항 124
(3) 접속방법 및 설비요건 125
3. 모니터링 시스템의 설치 126
(1) 감시 및 원격 중앙감시 소프트웨어의 구성 126
(2) 모니터링 시스템의 설치 127

(3) CCTV 모니터링 시스템의 설치 ··· 128
(4) 제어시스템의 설치 ··· 128

제4부 태양광발전설비 안전관리 ··· 133

제1절 태양광발전시스템의 위험요소 및 위험관리방법 ··· 134

1. 안전관리의 개요 ··· 134
2. 안전관리자 선임 및 관련법령 ··· 134
3. 태양광발전시스템의 안전관리 대책 ··· 136
(1) 복장 및 추락방지 ··· 136
(2) 작업 중 감전 방지대책 ··· 136
(3) 자재반입 시 주의사항 ··· 137
(4) 유지보수 ··· 137
4. 태양광발전시스템 감리와 운전 ··· 137
(1) 태양전지 모듈 및 접속함과 인버터 간의 배선 ··· 137
(2) 전선길이에 따른 전압강하 허용치 ··· 139
(3) 전압강하 및 전선 단면적 계산식 ··· 139
(4) 접지공사의 종류 및 적용 ··· 139
(5) 기계기구 외함 및 직류전로의 접지 ··· 140
(6) 고압 및 특고압계통 지락사고 시 저압계통 내 허용 과전압 ··· 140
(7) 접지선의 굵기 ··· 140

제2절 안전관리 장비 ··· 141

1. 안전장비 종류 ··· 141
(1) 멀티미터(전압, 전류) ··· 141
(2) 클램프미터(전류, Watt) ··· 141
(3) 온도계, 적외선 온도측정기 ··· 141
(4) 소화기 ··· 141
(5) 안전모 ··· 141
(6) 안전장갑 ··· 141
(7) 방진 마스크 ··· 141
(8) 휴대용 손전등 ··· 141
(9) 기 타 ··· 141
2. 안전장비 보관요령 ··· 142

부 록 ··· 147

PART 1
태양광발전시스템 운영

제1절 태양광발전의 개요
1. 태양광발전(太陽光發電)
2. 태양광발전의 일반적인 특성
3. 국내의 태양광발전 기술개발

제2절 운영방법 및 사업개시
1. 태양광발전시스템 운영방법
2. 사업개시

제3절 태양광발전시스템 운전
1. 태양광발전시스템 운영체계 및 절차
2. 태양광발전시스템 운전조작방법
3. 태양광발전시스템 동작원리
4. 태양광발전시스템의 운영 점검사항
5. 태양광발전시스템 계측

1 태양광발전의 개요

1. 태양광발전(太陽光發電)

태양광발전(太陽光發電)은 무한정, 무공해의 태양에너지를 직접 전기에너지로 변환시키는 기술이다. 기본원리는 반도체 PN 接合(접합)으로 구성된 태양전지(solar cell)에 태양광이 조사(照射)되면 광(光)에너지에 의한 전자(電子) - 양공(陽孔) 쌍이 생겨나고, 전자와 양공이 이동하여 N층과 P층을 가로질러 전류가 흐르게 되는 광기전력 효과(光起電力 效果 : photovoltaic effect)에 의해 기전력(起電力)이 발생하여 외부에 접속된 부하에 전류가 흐르게 되는 특징을 가진다. 이러한 태양전지는 필요한 단위용량으로 직 · 병렬 연결하여 기후에 견디고 단단한 재료와 구조로 만들어진 태양전지 모듈(solar cell module)로 상품화 된다. 그러나 태양전지는 비, 눈 또는 구름에 의해 햇빛이 비치지 않는 날과 밤에는 전기가 발생하지 않을 뿐만 아니라 일사량(日射量)의 강도에 따라 균일하지 않은 직류가 발생한다는 단점이 있다. 따라서 일반적인 태양광발전시스템은 수요자에게 항상 필요한 전지를 공급하기 위하여 모듈을 직 · 병렬로 연결한 태양전지 어레이(array)와 전력저장용 축전지(storage battery), 전력 조정기(power controller) 및 직 · 교류 변환장치(inverter)등의 주변장치로 구성된다.

2. 태양광발전의 일반적인 특성

태양광발전의 일반적인 특성은 무한정, 무공해의 태양에너지를 이용하므로 연료비가 불필요하고, 대기오염이나 폐기물 발생이 없으며, 발전부위가 반도체 소자(素子)이고 제어부가 전자부품이므로 기계적인 진동과 소음이 없으며, 태양전지의 수명이 최소 20년 이상으로 길고 발전시스템을 반자동화 또는 자동화시키기에 용이하며, 운전 및 유지 관리에 따른 비용을 최소화 할 수 있는 장점을 지니고 있다.
그러나, 태양전지는 가격이 비싸 많은 태양광발전시스템의 건설에는 초기투자가 요구되므로 상용전력에 비하여 발전단가가 높고, 일사량에 따른 발전량 편차가 심하므로 안정된 전력공급을 위한 추가적인 건설비 보완이 필요한 단점이 있다. 이러한 태양광발전시스템의 기상조건에 따른 제약과 이용 기술상의 문제점은 기술개발과 실증실험을 통하여 개선될 수 있으나 초기의 많은 설비 투자와 높은 발전가격은 태양광발전의 보급에 있어서 선결되어야 할 과제이다.

3. 국내의 태양광발전 기술개발

국내의 태양광발전 기술개발은 결정질(結晶質) 규소 태양전지와 주변장치의 국산화와 이용 기술의 개발을 실현하고, 저렴한 가격의 고효율 박막 태양전지의 기초기술의 확보와 주변장치의 저가화와 신뢰도를 확립함으로써 실용화의 기반을 구축하였으며, 향후 박막 태양전지의 상용화와 응용기술의 저변확대를 통한 태양전지 보급확대와 태양광발전시스템의 실용화를 목표로 설정하고 있다. 한국에너지기술연구소는 그동안 대체 에너지 기술개발사업에 주도적으로 참여하여 많은 성과를 거두고 있다.

2 운영방법 및 사업개시

1. 태양광발전시스템 운영방법

(1) 태양광발전시스템 구성

그림 1-1 태양광발전시스템 구성

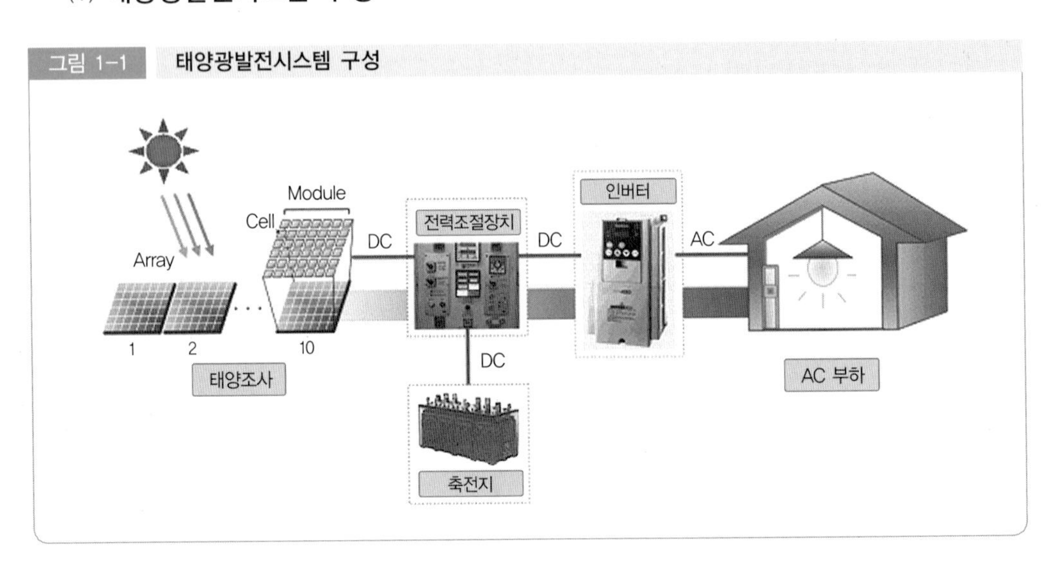

태양전지(Solar cell)에 태양빛이 비치면 기전력이 발생하여 전류가 흐른다. 태양광발전시스템은 일정한 전력을 공급하기 위해 태양전지 모듈을 직·병렬로 연결한 태양전지 어레이(Array)와 전력저장용 축전지, 전력조절장치, 직·교류변환을 위한 인버터와 주변장치 등으로 구성된다.

태광광발전시스템의 운영은 아래의 부분으로 나누어 진행한다.

① 태양전지 어레이(Array)

② 전력저장용 축전지 및 전력조절장치

③ 직·교류변환을 위한 인버터 및 주변장치

(2) 태양광발전시스템 운영 시 비치하여야 할 목록

① 발전시스템에 사용된 핵심기기의 매뉴얼

예 인버터, PCS 등

② 발전시스템 건설 관련도면

예 토목도면, 기계도면, 전기배선도, 건축도면, 시스템 배치도면 등

③ 발전시스템 운영 매뉴얼

④ 발전시스템 시방서 및 계약서 사본

⑤ 발전시스템에 사용된 부품 및 기기의 카탈로그

⑥ 발전시스템 구조물의 구조계산서

⑦ 발전시스템의 한전 계통 연계 관련 서류

⑧ 전기안전 관련 주의 명판 및 안전경고표시 위치도

⑨ 전기안전관리용 정기 점검표

⑩ 발전시스템 일반 점검표

⑪ 발전시스템 긴급복구 안내문

⑫ 발전시스템 안전교육 표지판

(3) 태양광발전시스템 운영방법

1) 공통사항

① 설비용량

설치된 태양광발전 설비의 용량은 부하의 용도 및 부하의 적정 사용량을 합산하여 월평균 사용량에 따라 결정된다.

② 발전량

일반적인 태양광발전 설비의 발전량은 봄철, 가을철에 많으며 여름철과 겨울철에는 기후여건에 따라 현저하게 감소한다. 이에 비해 박막형 태양전지는 온도에 덜 민감하다.

2) 모 듈

① 모듈표면은 특수처리된 강화유리로 되어 있지만, 강한 충격이 있을 시 파손될 수 있다.

② 모듈표면에 그늘이 지거나 나뭇잎 등이 떨어져 있는 경우 전체적인 발전효율 저하요인으로 작용하며, 황사나 먼지, 공해물질은 발전량 감소의 주요인으로 작용한다.

③ 고압 분사기를 이용하여 정기적으로 물을 뿌려주거나, 부드러운 천으로 이물질을 제거해주면 발전효율을 높일 수 있다. 이때 모듈표면에 흠이 생기지 않도록 주의해야 한다.

④ 모듈표면의 온도가 높을수록 발전효율이 저하되므로 태양광에 의하여 모듈온도가 상승할 경우에 정기적으로 물을 뿌려 온도를 조절해 주면 발전효율을 높일 수 있다.

⑤ 풍압이나 진동으로 인하여 모듈의 형강과 체결부위가 느슨해지는 경우가 있으므로 정기적으로 점검해야 한다.

3) 인버터 및 접속함

① 태양광발전 설비의 고장요인은 대부분 인버터에서 발생하므로 정기적으로 정상가동 유무를 확인해야 한다.

② 접속함에는 역류방지 다이오드, 차단기, Transducer, CT, PT, 단자대 등이 내장되어 있으므로 누수나 습기침투 여부의 정기적 점검이 필요하다.

4) 구조물 및 전선

① 구조물이나 구조물 접합자재는 아연용융도금이 되어 있어 녹이 슬지 않으나 장기간 노출될 경우에는 녹이 스는 경우도 있다.

② 부분적인 녹이 스는 현상이 일어날 경우 페인트, 은분 스프레이 등으로 도포 처리를 해주면 장기간 안전하게 사용할 수 있다.

③ 전선 피복부나 전선 연결부에 문제가 없는지 정기적으로 점검하고 문제가 발생할 경우 반드시 보수해야 한다.

5) 태양광발전 설비가 작동되지 않는 경우의 응급조치

① 접속함 내부 차단기 OFF

② 인버터 OFF 후 점검

③ 점검 후 인버터, 접속함 내부 차단기 순서로 ON

2. 사업개시

(1) 사업허가신청 시 제출서류

1) 전기 관련서류

① 전기사업 허가신청서

② 사업계획서

③ 송전관계일람도

④ 발전원가명세서

⑤ 전기설비의 운영을 위한 기술인력의 확보계획을 적은 서류

⑥ 태양광 모듈 배치도 및 모듈 상세도

2) 사업자 관련서류

① 신청인이 법인인 경우
법인등기부등본, 임원 인적 사항, 법인인감증명서, 정관 및 직전 사업연도말의 대차대조표 · 손익계산서

② 신청인이 설립 중인 법인인 경우에는 그 정관

③ 사업자 등록증(등록된 업체에 한함)

3) 사업장소(대지) 관련서류

① 토지사용총괄표, 토지사용승낙서 및 인감증명서

② 지적(임야)도 등본

③ 지적(임야)대장

④ 토지이용계획확인원

⑤ 토지(임야) 등기부등본

(2) 사업계획서 작성요령

1) 사업 구분

2) 사업계획 개요

발전소 명칭, 위치, 설비용량, 설비형식, 사용연료, 건설공사, 총사업비, 건설단가, 연간 전력생산량, 계통연계방법 등

3) 사업개시 예정일

4) 전기판매사업 및 구역전기사업의 개시일부터 5년간 연도별, 용도별 소요상정 및 공급계획

① 발전량

② 송전량

5) 소요자금 및 그 조달방법

① 소요자금 현황(직접 공사비, 간접 공사비, 총 사업비) 및 소요자금

② 조달방법(자기자금액 및 타인자금액, 타인자금의 조달방법)

③ 소요자금 투입시기

6) 태양광 발전설비 및 송전·변전설비의 개요

① 발전설비

㉠ 태양전지의 종류, 정격용량, 정격전압 및 정격출력

㉡ 인버터의 종류, 입력전압, 출력전압 및 정격출력

㉢ 집광판의 면적

㉣ 발전소의 명칭 및 위치

② 송전·변전설비

㉠ 변전소의 명칭 및 위치, 변압기의 종류 · 용량 · 전압 · 대수

㉡ 송전선로의 명칭 · 구간 및 송전 용량

㉢ 개폐소의 위치(동·리까지 작성)

㉣ 송전선의 종류 · 길이 · 회선 수 및 굵기의 1회선당 조수

7) 공사비 개괄 계산서

전기사업회계규칙의 계정과목 분류에 따를 것

8) 전기설비의 설치 일정

전기사업 허가신청서

※ 바탕색이 어두운 난은 신청인이 작성하지 않습니다.

접수번호	접수일자	처리기간	60일

신청인	대표자 성명	주민등록번호	
	주소		
	상호	전화번호	
신청 내용	사업의 종류		
	설치장소		
	사업구역 또는 특정한 공급구역		
	전기사업용 전기설비에 관한 사항		
	사업에 필요한 준비기간		

「전기사업법」 제7조 제1항 및 같은 법 시행규칙 제4조에 따라 위와 같이 ( )사업의 허가를 신청합니다.

년 월 일

신청인 (서명 또는 인)

산업통상자원부장관
시 · 도지사 귀하

첨부서류	「전기사업법 시행규칙」 제4조 제1항 각 호의 어느 하나에 해당하는 사항 각 1부	수수료
산업통상자원부장관 또는 시 · 도지사 확인사항	법인 등기사항증명서	없음

※ 첨부서류(「전기사업법 시행규칙」 제4조 제1항 관련)

1. 「전기사업법 시행규칙」 별표 1의 작성요령에 따라 작성한 사업계획서
2. 사업개시 후 5년 동안의 「전기사업법 시행규칙」 별지 제2호서식의 연도별 예상사업손익산출서
3. 배전선로를 제외한 전기사업용전기설비의 개요서
4. 배전사업의 허가를 신청하는 경우에는 사업구역의 경계를 명시한 5만분의 1 지형도
5. 구역전기사업의 허가를 신청하는 경우에는 특정한 공급구역의 위치 및 경계를 명시한 5만분의 1 지형도
6. 발전사업 또는 구역전기사업의 허가를 신청하는 경우에는 송전관계일람도
7. 발전사업 또는 구역전기사업의 허가를 신청하는 경우에는 발전원가명세서
8. 신용평가의견서(「신용정보의 이용 및 보호에 관한 법률」 제2조제4호에 따른 신용정보업자가 거래신뢰도를 평가한 것을 말합니다) 및 재원 조달계획서
9. 전기설비의 운영을 위한 기술인력의 확보계획을 적은 서류
10. 신청인이 법인인 경우에는 그 정관 및 직전 사업연도말의 대차대조표 · 손익계산서
11. 신청인이 설립 중인 법인인 경우에는 그 정관
12. 전기사업용 수력발전소 또는 원자력발전소를 설치하는 경우에는 발전용 수력의 사용에 대한 「하천법」 제33조제1항의 허가 또는 발전용 원자로 및 관계시설의 건설에 대한 「원자력법」 제11조제1항의 허가사실을 증명할 수 있는 허가서의 사본(허가신청 중인 경우에는 그 신청서의 사본)

※ 발전설비용량이 3천킬로와트 이하인 발전사업(발전설비용량이 200킬로와트 이하인 발전사업은 제외합니다)의 허가를 받으려는 자는 제1호, 제6호, 제7호, 제9호 및 제12호 서류를 첨부하고, 발전설비용량이 200킬로와트 이하인 발전사업의 허가를 받으려는 자는 제1호 및 제5호의 서류를 첨부합니다.

처리절차

신청서 작성 및 제출	⇨	접 수	⇨	검 토	⇨	전기위원회 심의	⇨	허가증 발급
신청인		산업통상자원부 시 · 도		산업통상자원부 시 · 도		전기위원회		산업통상자원부 시 · 도

210mm×297mm(백상지 80g/㎡)

제　　호

발전사업허가증

1. 성명(대표자) : 　　　　　생년월일 :
2. 상호 :
3. 소재지 :
4. 사업의 내용 :
   사업장소 :
5. 사업규모
   ○ 원동력의 종류 :
   ○ 설비용량 : 　　MW, 공급전압 : 　　KV, 주파수 : 　　HZ
6. 특정공급구역 :
7. 사업준비기간 :
8. 허가조건 :
9. 기타 :

「전기사업법」 제7조 및 같은 법 시행규칙 제6조에 따라 위와 같이 (　　)사업을 허가합니다.

년　　월　　일

산업통상자원부장관
시 · 도지사 　직인

※ 작성방법
1. 이 서식은 발전 · 구역전기 사업의 허가에 사용됩니다.
2. 발전사업은 6번란을 적지 않습니다.
3. 6번란, 8번란 및 9번란에 적는 사항은 별지로 작성하여 발급할 수 있습니다.

3 태양광발전시스템 운전

1. 태양광발전시스템 운영체계 및 절차

(1) 태양전지 어레이

접지저항 100Ω 이하(제3종접지)

(2) 중간단자함(접속함)

① 절연저항(태양전지 – 접지 간) : 0.2MΩ 이상 측정전압 DC 500V

② 절연저항(중간 단자함 출력단자 – 접지 간) : 1MΩ 이상 측정전압 DC 500V

③ 개방전압 및 극성 : 규정의 전압 및 올바른 극성

(3) 인버터

① P는 태양전지(+), N은 태양전지(–)

② 자립운전의 배선은 전용 콘센트 또는 단자에 의해 전용배선으로 하고 용량은 15A 이상

③ 접지봉 및 인버터 접지단자와 접속

(4) 태양광발전용 개폐기, 전력량계, 인입구, 개폐기 등

(5) 운전·정지

인버터가 정지하여 5분 후 자동 기동

(6) 발전전력

① 인버터의 출력표시

② 전력량계(거래용 계량기, 송전 시)

③ 전력량계 (수전 시)

2. 태양광발전시스템 운전조작방법

(1) 정상운전

태양전지로부터 전력을 공급받아 인버터가 계통전압과 동기로 운전을 하며 계통과 부하에 전력을 공급한다.

(2) 태양전지 전압이상 시 운전

태양전지 전압이 저전압 또는 과전압이 되면 이상신호(Fault)를 나타내고 인버터는 정지, Magnet Contact(MD)는 OFF 상태로 된다.

(3) 인버터 이상 시 운전

인버터에 이상이 발생하면 인버터는 자동으로 정지하고 이상신호(Fault)를 나타낸다.

3. 태양광발전시스템 동작원리

(1) 태양광발전시스템의 분류

태양광발전시스템은 독립형과 계통연계형의 2종류로 분류할 수 있다.

1) 독립형 태양광발전시스템(Stand Alone System)

① 전력계통과 연계되지 않은 태양광발전시스템으로 전력을 생산하여 바로 사용하는 방식과 축전지를 이용하여 전력을 축전한 후 원하는 시간에 산간벽지, 도서지역 등에 전력을 공급하기 위한 목적으로 사용하는 방식이다.

② 독립형 태양광발전시스템 구성

그림 1-2 독립형 태양광발전시스템

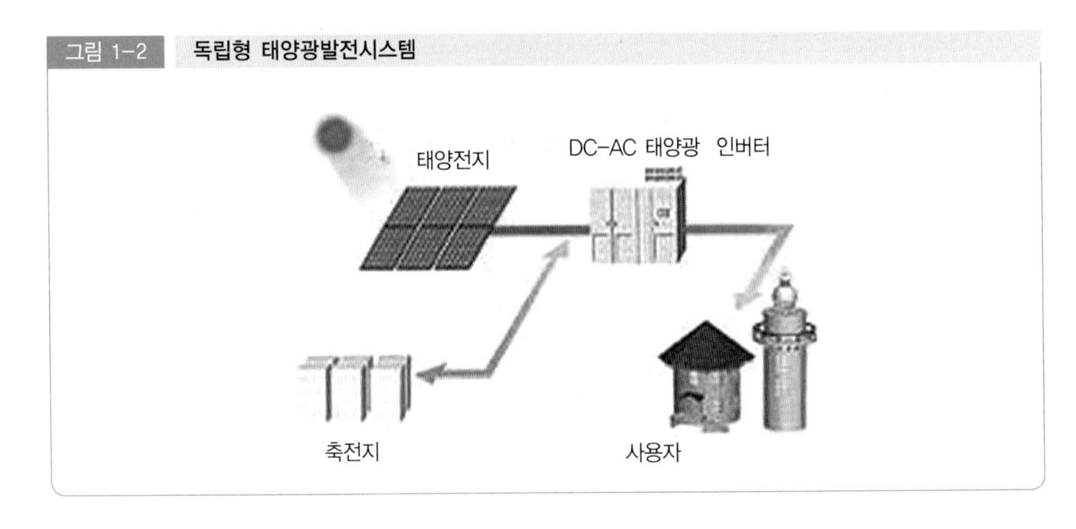

2) **계통연계형 태양광발전시스템**(Grid-Connected System)

① 전력계통과 연계된 태양광발전시스템으로서 발생시킨 전력을 한전과 같은 전력계통이나 전력계통의 부하 측에 공급하는 방식이다.

② 계통연계형 태양광발전시스템 구성

그림 1-3 **계통 연계형 태양광발전시스템**

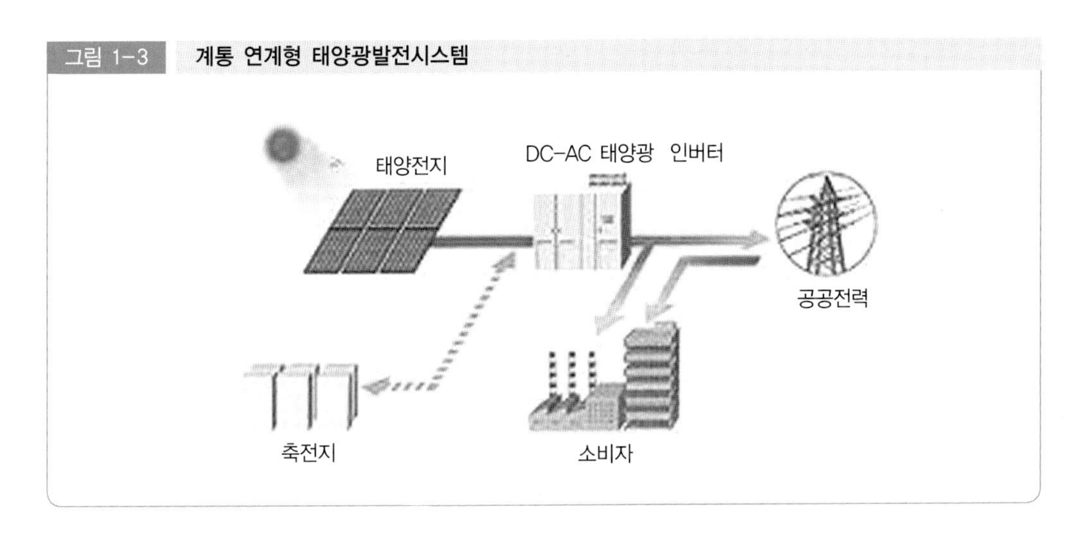

(2) 태양광발전시스템의 구성요소

태양광발전시스템은 태양에너지를 통해 전력을 생산하는 태양광 어레이(Array) 부분, 생산된 직류를 교류로 전환해주는 인버터(PCS), 축전지 그리고 이외의 태양광 시스템에 사용되는 부속장치 등으로 크게 분류할 수 있다. 부속장치에는 충/방전 Controller, 구조물, 케이블, 단자함, 모니터링 시스템 등 다양한 요소로 구성되어 있다.

1) **태양광 어레이**(Array)

① 태양광 어레이는 태양광발전시스템에서 가장 중요한 발전장치역할을 하는 것으로 태양전지 모듈이나 이를 지지하기 위해 설치한 지지대 뿐 아니라 태양전지 모듈 결선회로나 접지회로 및 출력단의 개폐회로도 이에 포함된다.

② 어레이를 구성하는 요소는 태양전지 모듈, 구조물, 접속함, 다이오드 등으로 구성되며 어레이에는 태양전지 모듈을 직, 병렬로 조합하게 되어 있다.

③ 태양전지(PV : Photovoltaic) 시스템의 용량은 표준 태양전지 어레이의 출력으로 표기된다.

④ 태양광 어레이는 태양광시스템의 단위가 되는 모듈 및 구조물 등의 집단을 의미하며 어레이의 설계가 어떻게 되었느냐에 따라 태양광시스템의 성능이 결정된다고 할 수 있다.

⑤ 어레이는 절연저항, 내전압, 낙뢰충격이나 접지저항 등 안정성을 확보하여야 하며 풍하중, 적설하중 등에 견딜 수 있는 기계적 강도 역시 매우 중요하다.

⑥ 태양전지 모듈이 직렬로 접속하여 하나로 합쳐진 회로를 스트링(String)이라고 한다.

그림 1-4 태양전지 셀, 모듈, 어레이

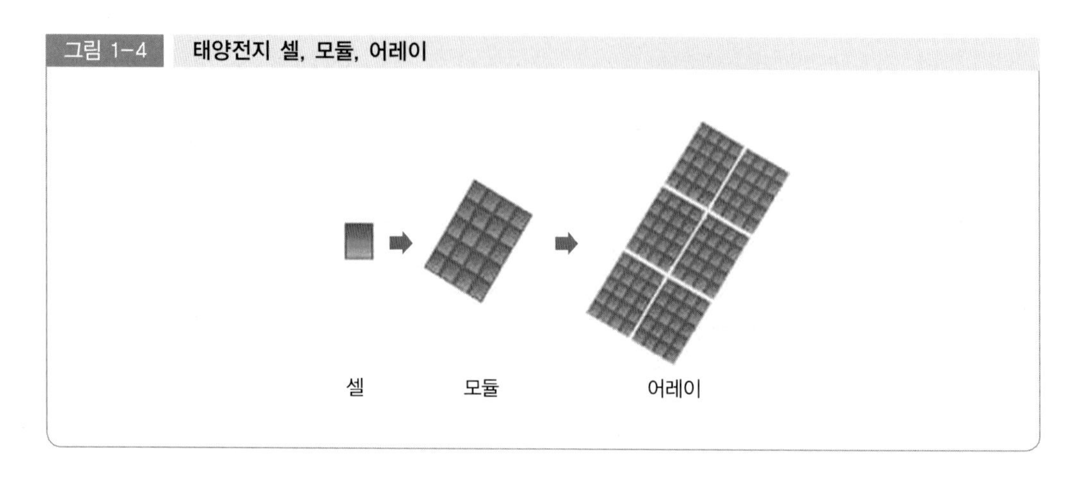

2) 다이오드(Diode)

다이오드(Diode)란 양(+)전하를 가지고 있는 P형 반도체와 음(-)전하를 가지고 있는 N형 반도체를 접합하여 만든 것으로, 한쪽 방향으로는 쉽게 전하를 통과시키지만 반대 방향으로는 통과시키는 않는 특성을 가지고 있다.

이 특성이 다른 반도체를 접합하여 만든 것을 다이오드라고 하며, PN접합(Junction)이라고도 한다.

그림 1-5 다이오드 모양 및 기호

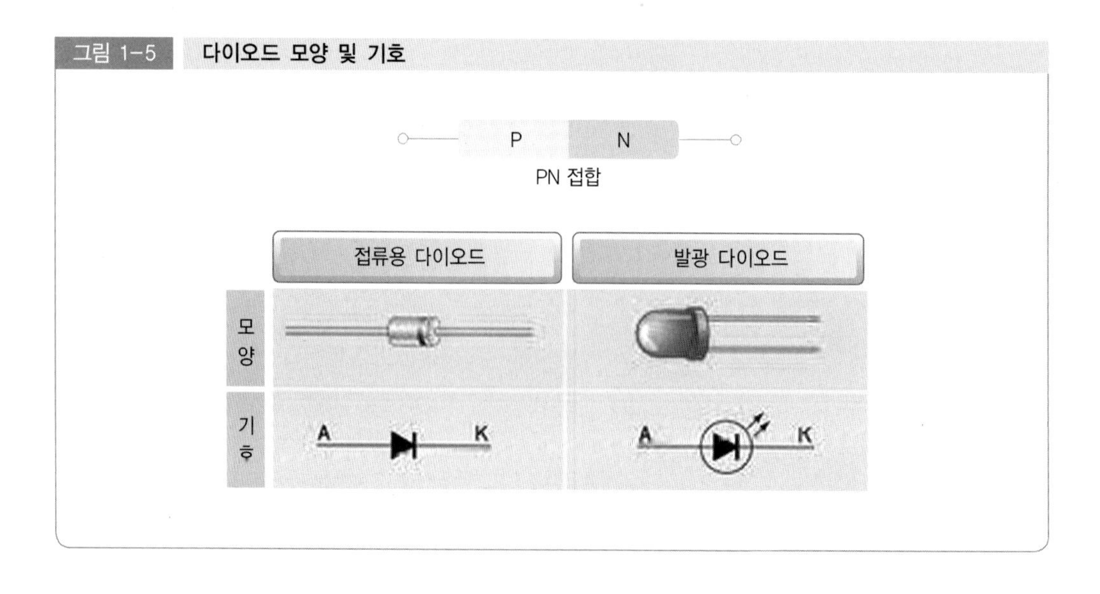

P형 반도체가 붙어있는 곳을 애노드(Anode : A), N형 반도체가 붙어있는 곳을 캐소드(Cathode : K)라고 부른다.

① 바이패스 다이오드(By pass Diode)

태양전지 모듈을 구성하는 태양전지는 모두 직렬로 연결되는데 이러한 특성 때문에 일부 태양전지에 그늘이 지게 되면 그 부위가 저항역할을 하게 되어 모듈에 전류가 흐를 때 흐름을 방해하여 태양전지 모듈에 악영향을 끼치므로 일부 태양전지의 출력을 포기하고 나머지 태양전지로 회로를 구성하게 하기 위해 다이오드를 사용하여 우회시키는 역할을 하는 다이오드로, 일반적으로 태양전지 모듈 후면의 접속함(Junction box)에 설치한다.

② 역류방지 다이오드(Blocking Diode)

어레이 내의 스트링과 스트링 사이에서도 전압 불균형 등의 원인으로 병렬접속한 스트링 사이에 전류가 흘러 어레이에 악영향을 미칠 수 있는데, 이를 방지하기 위해 사용하는 다이오드로 스트링마다 설치한다.

그림 1-6 바이패스(Bypass) 및 역류방지(Blocking) 다이오드

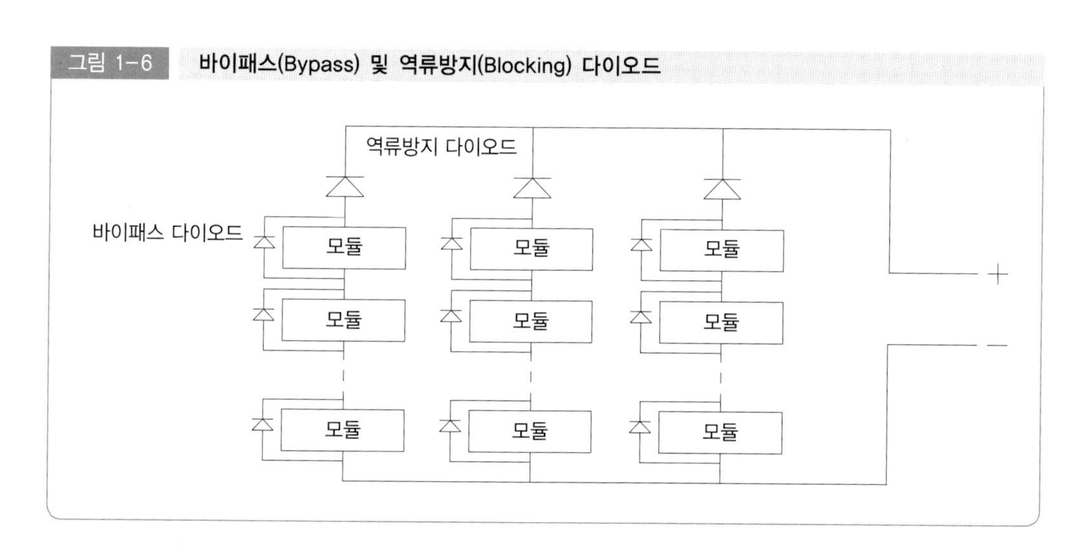

(3) 축전지(蓄電池, Storage battery)

축전지는 리튬 2차전지와 같은 소형 2차전지를 대형화한 것으로 남는 전기에너지를 저장했다가 피크시간이나 정전 시 비상전원으로 활용할 수 있는 전력공급장치이다. 태양광발전에서는 주간에는 태양전지로부터 발생한 전기에너지를 저장하였다가 전기가 필요한 밤이나 흐린 날에 부하에 전기를 공급해 주는 기능을 하는 것이 축전지의 역할이다.

현재 태양광 설비용 축전지는 연 축전지와 알칼리 축전지가 널리 사용되고 있다. 일반적으로 연 축전지는 가격이 저렴하며 알칼리 축전지는 수명이나 대전류 방전특성이 뛰어나다는 특징이 있다.

1) 축전지의 구성요소

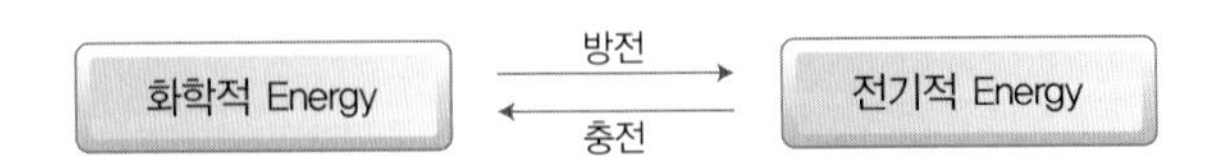

① 양극(Cathode, 캐소드)

외부 도선으로부터 전자를 받아 양극 활물질이 환원되는 전극을 말한다.

② 음극(Anode, 애노드)

음극 활물질이 산화되면서 도선으로 전자를 방출하는 전극을 말한다.

③ 전해질(Electrolyte)

양극의 환원반응, 음극의 산화반응이 화학적 조화를 이루도록 물질이동이 일어나는 매체을 말한다.

④ 분리막(Separator)

양극과 음극의 물리적 접촉방지를 위한 격리막을 말한다.

2) 연(납)축전지(Lead-Acid)의 원리

묽은 황산속에 과산화연(PbO2)과 해면상연(Pb)을 전해액(묽은 황산)속에 담구면 이온화 경향이 큰 금속인 해면상연은 음극이 되고, 이온화 경향이 적은 과산화연은 양극이 되어 화학반응에 의해 약 2V의 기전력이 발생된다.

$$PbO_2 + 2H_2SO_4 + Pb + PbSO_4 + 2H_2O + PbSO_4$$

① 방전(Discharge)

화학에너지를 전기에너지로 변환되는 과정을 말하며, 양극판의 과산화연(PbO2)과 음극판의 해면상연(Pb)은 황산연(PbSO4)으로 변하고 전해액인 묽은 황산은 극판의 활물질과 반응하여 물로 변하여 비중이 떨어진다. 그리고 양극판과 음극판이 동일물질(황산연)으로 변하게 되어 기전력이 발생치 않게 되므로 전압도 저하된다. 즉 방전이라 함은 축전지에 저장되어 있던 전기에너지를 빼내어 쓰는 것을 의미한다.

㉠ 양극 : 과산화연(PbO2) → 황산연(PbSO4)

㉡ 음극 : 해면상연(Pb) → 황산연(PbSO4)

㉢ 전해액 : 묽은 황산(비중1.280) → 물

② 충전(Charge)

전기에너지를 충전기를 사용하여 화학에너지로 변환시키는 과정을 말하여, 방전의 역반응이다. 양극과 음극의 황산연은 전기에너지에 의해 각각 과산화연(PbO2)과 해면상연(Pb)으로 변하고 전해액은 극판의 활물질과 반응하여 비중이 규정치까지 증가되고, 기전력도 발생한다.

(4) 충·방전 컨트롤러

축전지에는 모아 둘 수 있는 전력용량에는 한계가 있는데 그 한계를 넘는 전기를 축전지에 보내면 사용수명이 단축되는 것 뿐만 아니라 축전지 자체가 파손될 수도 있다.
충·방전 컨트롤러는 주로 독립형 시스템에서 태양전지 모듈로부터 생산된 전기를 축전지에 저장 또는 방전하는데 사용하며 배터리의 수명을 위해 상한과 하한의 전압을 설정할 수 있도록 설계되어 있다.
일정전압의 유지를 위해 회로에 병렬로 저항형태의 회로를 구성하기도 하고 반도체소자나 Cut - off 소자를 이용하여 직렬형태로 구성하기도 한다.
또한 야간에는 태양전지 모듈이 부하의 형태로 변하므로 역류방지 기능과 함께 축전지가 일정전압 이하로 떨어질 경우 부하와의 연결을 차단하는 기능, 야간타이머 기능, 온도보정 (축전지의 온도를 감지해 충전 전압을 보정) 기능 등을 가진다.

그림 1-7 충·방전 컨트롤러

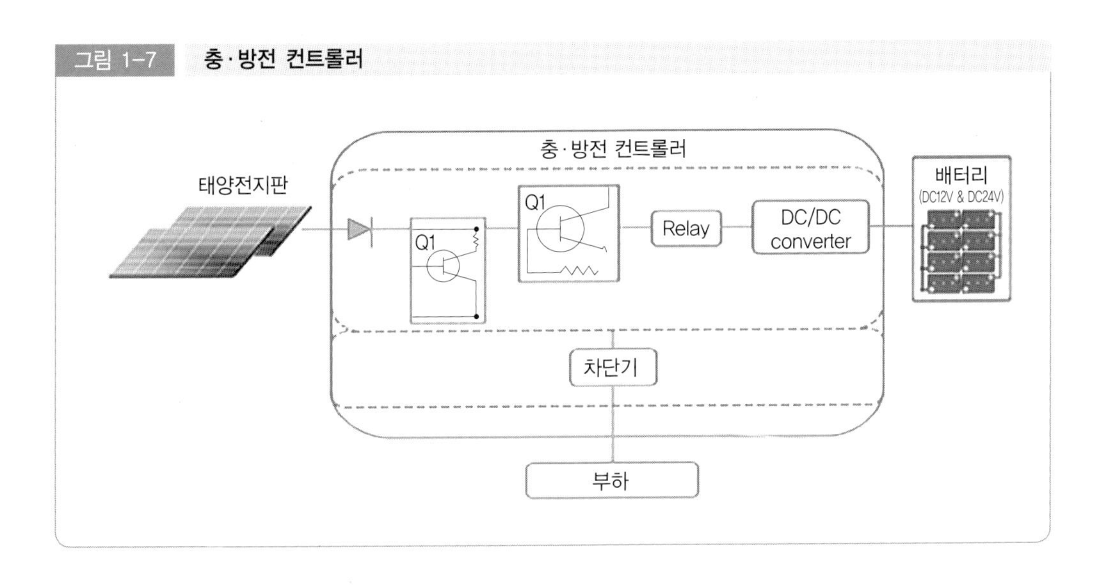

(5) 인버터

1) 독립형 인버터

① 정현파(사인파)타입 인버터

출력파형이 일반 가정에 공급되어 있는 상용전원 파형과 같은 이유로 사용할 수 있는 부하 기기에 제한은 없다.

② 유사정현파(직사각형파)타입 인버터

전압의 실효치가 상용전원과 같으며(교류 220V), 파형특성으로 잡음과 화상 노이즈 등 발생이 생기는 문제로 정확한 파형에 의존하여 동작하는 부하기기는 문제가 발생할 수 있다.

2) 계통연계형 인버터

인버터는 직류를 교류로 변환시키는 것뿐만 아니라 다음과 같이 태양전지의 성능을 최대한 끌어내기 위한 기능과 이상 시나 고장 시를 위한 보호기능 등을 갖추고 있다.

① 자동운전 정지기능

② 최대전력점 추종(MPPT : Maximum Power Point Tracking) 제어기능

③ 단독운전방지(Anti-Islanding)기능

수동적 방식	능동적 방식
• 전압위상 도약검출방식	• 주파수 Shift방식
• 3차고조파전압왜율급증검출방식	• 무효전력 변환방식
• 주파수변화율 검출방식	• 유효전력 변동방식
	• 부하변동방식

④ 자동전압 조정기능

⑤ 직류분 제어기능

⑥ 직류지락 검출기능

⑦ 계통연계 보호장치

3) 절연방식에 따른 분류

① 상용주파 변압기 절연방식

② 고주파 변압기 절연방식

③ 트랜스리스 절연방식

시스템을 구성함에 있어 인버터의 입력전압 사양과 태양광 모듈의 직, 병렬 구성을 얼마나 최적으로 구성하느냐에 따라 시스템 효율 등이 결정되므로 시스템 설계 시 가장 중요하게 고려해야 할 사항이다.

4. 태양광발전시스템의 운영 점검사항

태양광발전시스템은 사람이 아닌 무인에 의한 자동운전을 하는 것을 전제로 설계 제작되어 있기 때문에 기본적으로 일상적인 보수점검은 불필요하다. 그러나 태양광발전시스템은 법적으로 발전설비이고, 또 발전설비를 둘러싼 주위는 발전소로 취급되어 자가용 전기시설물의 경우에는 법규 등에 따라서 정기적인 점검이 의무화되어 있다.

태양광발전시스템의 점검은 크게 준공시의 점검과 일상점검 및 정기점검의 3가지로 구별할 수 있다.

(1) 시스템 준공 시의 점검

태양광발전시스템의 공사가 완료되면 시스템을 점검해야 한다. 점검내용은 육안점검 외에 태양전지 어레이의 개방전압 측정, 각부의 절연저항 측정, 접지저항 측정을 해야 한다. 점검결과와 측정결과는 자세히 기록해 두어야 하며, 다음 일상점검 및 정기점검 시에 많은 도움이 된다.

설 비	점검항목		점검요령
태양전지 어레이	육안 점검	표면 오염 및 파손	오염 및 파손의 유무 점검
		프레임 파손 및 변형	파손 및 두드러진 변형이 없을 것
		가대 부식 및 녹 발생	부식 및 녹이 없을 것(녹의 진행이 없고, 도금 강판의 끝부분은 제외)
		가대 고정	볼트 및 너트의 풀림이 없을 것
		가대 접지	배선공사 및 접지접속이 확실할 것
		코킹	코킹의 파손 및 불량이 없을 것
		지붕재의 파손	지붕재의 파손, 어긋남, 뒤틀림, 균열 등이 없을 것
	측정	접지저항	접지저항 100Ω 이하(제3종접지)
중간단자함 (접속함)	육안 점검	외함 부식 및 파손	부식 및 파손이 없을 것
		방수처리	전선 인입구가 실리콘 등으로 방수처리 되어 있을 것
		배선 극성	태양전지에서 배선의 극성이 바뀌지 않을 것
		단자대 나사의 풀림	확실하게 연결되어 나사의 풀림이 없을 것
	측정	절연저항 (태양전지 - 접지 간)	0.2MΩ 이상 측정전압 DC 500V (각 회로마다 전부 측정)
		절연저항(중간 단자함 출력단자 - 접지 간)	1MΩ 이상 측정전압 DC 500V
		개방전압 및 극성	규정전압이어야 하고 극성이 올바를 것(각 회로마다 측정)

인버터	육안 점검	외함 부식 및 파손	부식 및 파손이 없을 것
		취부	• 견고하게 고정되어 있을 것 • 유지보수에 충분한 공간이 확보되어 있을 것 • 옥내용 : 과도한 습기, 기름 습기, 연기, 부식성 가스, 가연가스, 먼지, 염분, 화기 등이 없는 장소일 것 • 옥외용 : 눈이 쌓이거나 침수의 우려가 없을 것 • 화기, 가연성가스 및 인화물이 없을 것
		배선의 극성	• P는 태양전지(+), N은 태양전지(-) • U, O는 계통측 배전 (단상 3선식 220V)[(O는 중성선)U-O, O-W간 220V] • 자립운전의 배선은 전용 콘센트 또는 단자에 의해 전용배선으로 하고 용량은 15A 이상일 것
		단자대 나사의 풀림	확실하게 취부되고 나사의 풀림이 없을 것
		접지단자와의 접속	접지와 바르게 접속되어 있을 것(접지봉 및 인버터 '접지단자'와 접속)
	측정	절연저항(인버터 입출력단자 - 접지 간)	1MΩ 이상 측정전압 DC 500V
그 외 태양광 발전용 개폐기, 전력량계, 인입구, 개폐기 등	육안 점검	전력량계	발전사업자의 경우 전력회사에서 지급한 전력량계를 사용할 것
		주간선 개폐기(분전반 내)	역접속 가능형으로서 볼트의 흔들림이 없을 것
		태양광발전용 개폐기	'태양광발전용'이라 표시되어 있을 것
운전 · 정지	조작 및 육안 점검	보호계전기능의 설정	전력회사 정정치를 확인할 것
		운전	운전스위치 '운전'에서 운전할 것
		정지	운전스위치 '정지'에서 정지할 것
		투입저지 시한 타이머 동작시험	인버터가 정지하여 5분 후 자동 기동할 것
		자립운전	자립운전으로 절환할 때 자립운전용 콘센트에서 제조업자 규정전압이 출력될 것
		표시부의 동작 확인	표시가 정상으로 되어 있을 것
		이상음 등	운전 중 이상음, 이상진동, 악취 등의 발생이 없을 것
		발전전압(태양전지전압)	태양전지의 동작전압이 정상일 것(동작전압 판정 일람표에서 확인)
발전전력	육안 섬검	인버터의 출력표시	인버터 운전 중 전력표시부에 사양과 같이 표시될 것
		전력량계(거래용 계량기), (송전 시)	회전을 확인할 것
		전력량계 (수전 시)	정지를 확인할 것

(2) 일상점검

일상점검은 주로 육안점검에 의해서 매월 1회 정도 실시한다. 권장 점검항목은 다음의 표와 같으며 점검결과 이상이 확인되면 전문기술자에게 자문을 구한다.

설 비	점검항목		점검요령
태양전지 어레이	육안 점검	유리 등 표면의 오염 및 파손	심한 오염 및 파손이 없을 것
		가대의 부석 및 녹	부식 및 녹이 없을 것
		외부배선(접속케이블)의 손상	접속케이블에 손상이 없을 것
접속함	육안 점검	외함의 부식 및 손상	부식 및 파손이 없을 것
		외부배선(접속케이블)의 손상	접속케이블에 손상이 없을 것
인버터	육안 점검	외함의 부식 및 파손	외함에 부식이나 녹이 없고 충전부가 노출되어 있지 않을 것
		외부배선(접속케이블)의 손상	인버터에 접속된 배선에 손상이 없을 것
		환기 확인(환기구, 환기필터)	• 환기구를 막고 있지 않을 것 • 환기필터가 막혀 있지 않을 것
		이상음, 악취, 발연 및 이상과열	운전 시의 이상음, 이상한 진동, 악취 및 이상한 과열이 없을 것
		표시부의 이상표시	표시부에 이상코드, 이상을 표시하는 램프의 점등, 점멸 등이 없을 것
		발전상황	표시부의 발전상황에 이상이 없을 것

(3) 정기점검

정기점검의 주기는 법에서 정한 용량별로 횟수가 정해져 있다. 100kW 이상(1000kW 미만)의 경우는 격월 1회로 되어 있다. 한편, 일반가정 등에 설치되는 3kW 미만의 소출력 태양광발전시스템의 경우에는 일반용 전기설비로 자리매김되어 있어서 법적으로는 정기점검을 하지 않아도 되지만 자주적으로 점검하는 것이 바람직하다.

점검시험은 원칙적으로 지상에서 하지만 개별 시스템에서의 설치환경이나 그 외의 이유에 따라 점검자가 필요하다고 판단한 경우에는 안전을 확인하고 지붕이나 옥상 위에서 점검을 실시한다. 만약에 이상이 발견되면 제작사나 전문기술자에게 기술자문을 받는 것이 중요하다.

설 비	점검항목		점검요령
태양전지 어레이	육안 점검	접지선의 접속 및 접속단자의 풀림	• 접지선에 확실하게 접속되어 있을 것 • 볼트의 풀림이 없을 것
접속함	육안 점검	외함의 부식 및 파손	부식 및 손상이 없을 것
		외부 배선의 손상 및 접속단자의 풀림	• 배선에 이상이 없을 것 • 볼트의 풀림이 없을 것
		접지선의 손상 및 접지단자의 풀림	• 접지선에 이상이 없을 것 • 볼트의 풀림이 없을 것
	측정 및 시험	절연저항	(태양전지 - 접지선) 0.2MΩ 이상 측정전압 DC 500V(각 회로마다 전부 측정) (출력단자 - 접지 간) 1MΩ 이상 측정전압 DC 500V
		개방전압	• 규정의 전압일 것 • 극성이 올바를 것(회로마다 전부 측정)
인버터	육안 점검	외함의 부식 및 파손	부식 및 파손이 없을 것
		외부배선의 손상 및 접속단자의 풀림	• 배선에 이상이 없을 것 • 볼트의 풀림이 없을 것
		접지선의 손상 및 접속단자의 풀림	• 접지선에 이상이 없을 것 • 볼트의 풀림이 없을 것
		환기확인 (환기구, 환기필터 등)	• 환기구를 막고 있지 않을 것 • 환기필터가 막혀 있지 않을 것
		운전시 이상음, 진동 및 악취의 유무	운전 시에 이상음, 이상진동 및 악취가 없을 것
	측정 및 시험	절연저항(인버터 입출력단자 - 접지 간)	1MΩ 이상 측정전압 DC 500V
		표시부의 동작확인 (표시부 표시, 충전전력 등)	표시부의 발전상황에 이상이 없을 것
		투입저지 시한 타이머(동작시험)	인버터가 정지하여 5분 후 자동 기동할 것
	육안 점검	태양광발전용 개폐기의 접속단자의 풀림	나사에 풀림이 없을 것
	측정	절연저항	1MΩ 이상 측정전압 DC 500V

(4) 점검계획 수립 시 고려사항

점검의 내용 및 주기는 여러 가지의 조건을 고려하여 결정해야 하며, 그 내용은 다음과 같다.

1) 설비의 사용기간

일반적으로 새로운 설비보다 오래된 설비가 고장발생의 확률이 높기 때문에 점검내용을 세분화하고 주기를 단축해야 한다.

2) 설비의 중요도

설비에는 중요설비와 비교적 중요하지 않은 설비가 있다. 예컨대, 수전선 사고의 경우에는 전 구간이 정전되지만, 주요 부하용 설비의 경우는 해당 구간의 라인만 정전된다.

반대로 설비에 따라서는 여러 시간 정전해도 운전에 영향을 미치지 않는 설비가 있다. 이와 같은 설비는 그 중요도에 따라서 내용 및 주기를 검토해야 한다.

3) 환경조건

설비가 설치되어 있는 곳의 환경이 좋은지, 나쁜지는 보수점검상 큰 차이가 있다. 옥내인가, 옥외인가, 분진의 다소, 환기의 양부, 습기의 다소, 특수가스의 유무, 진동의 유무 등에 의하여 절연물의 열화, 금속의 부식, 과열, 더 나아가서는 수명단축 등의 가능성이 아주 높게 된다.

4) 고장이력

환경조건의 불량 등에 의하여 고장을 많이 일으키는 설비가 있는데, 이와 같은 설비는 재발방지를 위하여 점검을 강화해야 한다.

5) 부하상태

사용 빈도가 높은 설비, 부하의 증가, 환경조건의 악화 등으로 과부하 상태로 된 설비 등은 점검의 주기를 단축해야 하며, 그러한 조건이 발생하지 않도록 해야 한다.

(5) 점검의 분류 및 내용

1) 점검의 분류

No	점검의 분류	설비의 상태	점검횟수
1	운전점검	운전 중	1회/8시간
2	일상점검	운전 중	1회/1주~1회/월
3	정기점검 (보통)	정지(단시간)	1회/6개월~1회/1년
4	정기점검 (세밀)	정지(장시간)	1회/1년~1회/5년
5	임시점검	정지	필요시

2) 점검의 내용

① 운전점검

메타 바늘은 원활하게 움직이는가, 이상한 냄새, 이상한 소리는 없는가 등을 위주로 감각에 의한 외관 점검을 한다. 필요에 따라서는 각 부분의 청소, 램프의 전구 교체 등을 실시한다.

② 일상점검

메타 바늘은 원활하게 움직이는가, 이상한 냄새, 이상한 소리는 없는가 등을 위주로 감각에 의한 외관 점검을 행하여, 이상이 있으면 필요한 조치를 취한다.

③ 정기점검 (보통)

주로 정지상태에서 행하는 점검으로 제어운전 장치의 기계점검, 절연저항의 측정 등을 실시한다. 필요에 따라서는 배전반 종합 동작시험, 계전기의 모의동작시험을 실시할 수 있다.

④ 정기점검 (세밀)

비교적 장시간 정지하여 잘 맞지 않는 곳의 조정, 불량품의 교체, 차단기 내주점검 등이 용이하도록 전체적으로 분해하여 각부의 세부점검을 행한다. 또한 계전기의 특성시험, 계기의 점검시험을 실시한다.

⑤ 임시점검

임시로 실시하는 점검으로 일상점검 등에서 이상을 발견할 경우, 큰 사고가 발생한 경우(각부가 사고로 인한 영향을 받지 않았는가, 특히 차단기가 동작한 경우는 차단기의 내부점검을 실시)에 실시한다.

5. 태양광발전시스템 계측

(1) 점검방법과 시험방법

1) 외관검사

① 태양전지 모듈은 현장 이동 중에 잘못하여 파손되어 있을 수 있기 때문에 시공시 반드시 외관검사를 해야 한다.

㉠ 태양전지 모듈을 고정형이나 추적형으로 설치하면 세부적인 점검이 곤란하기 때문에 공사의 진행 중 각각 설치 직전과 시공 중에 태양전지 셀에 금이 가거니 부분 파손이 있는지 또는 변색 등이 있는지 확인한다.

㉡ 그리고 태양전지 모듈의 표면유리도 금이 가거나 변형이 있는지 또는 프레임 등의 변형은 없는지 반드시 확인해야 한다. 일상점검이나 정기점검의 경

우에는 태양전지 어레이의 외관을 관찰하여 태양전지 모듈표면의 오염, 유리에 금이 가는 등의 손상, 변색, 낙엽 등의 유무 및 가대 등의 녹 발생 유무를 확인한다. 먼지가 많은 설치장소에서는 태양전지 모듈표면의 오염검사와 청소 유무를 체크한다.

② 배선 케이블 등의 점검

태양광발전시스템은 한번 설치하면 장기간 그대로 사용하기 때문에 전선 케이블 등이 설치공사 당시의 손상이나 비틀림 등의 원인으로 인해서 절연저항의 저하나 절연파괴를 일으킬 수 있다. 따라서 공사가 완료되면 확인할 수 없는 부분에 대해서는 공사 도중에 외관검사 등을 실시하여 반드시 기록을 남겨두고 일상점검이나 정기점검의 경우에는 육안점검에 의해서 배선의 손상유무를 확인한다.

③ 접속함·인버터

접속함, 인버터 등의 전기기기는 운반 중에 진동에 의해서 접속부 볼트단자가 풀림이 생기는 경우가 있다. 또한 공사현장에서 배선접속을 한 것에 관해서도 가접속 상태 그대로인 것이나 시험 등을 위해서 일시접속을 해제하는 경우가 있다. 따라서 시공 후 태양광발전시스템을 운전할 때는 전기기기 및 접속함 등의 케이블 접속부를 확인해야 한다.

또한 정극 (+ 혹은 P단자), 부극 (- 혹은 N단자)의 사이에 잘못된 것, 혹은 직류회로와 교류회로의 접속 혼돈 등은 중대사고의 원인이 될 수도 있기 때문에 반드시 확인해 두어야 한다.

일상점검이나 정기점검의 경우에는 육안점검에 따라 접속단자의 풀림이나 손상 유무를 확인한다.

④ 축전지 및 기타 주변기기의 점검

축전지 등 그 외의 주변장치가 있는 경우는 위와 동일한 방법의 점검을 하고 동시에 기기공급 제작사에서 권장하는 점검항목으로 점검한다.

2) 운전상황의 확인

① 소리음·진동·냄새에 주의

운전 중 이상한 소리와 냄새 등을 확인하고 평상 시와 다른 느낌이 들 경우에는 정밀점검을 실시한다. 설치자가 점검할 수 없는 경우에는 기기 제작사 혹은 전문가에게 의뢰하여 점검을 하는 것이 바람직하다.

② 운전상황의 점검

주택용 태양광발전시스템의 경우에는 전압계, 전류계 등의 계측기기는 없지만,

최근에는 소형 모니터가 보급되어 발전전력, 발전전력량 등이 표시된다. 이들 데이터가 평상 시와 크게 다른 값을 표시한 경우에는 기기 제작사 또는 전문가에게 의뢰하여 점검하는 것이 바람직하다.

또한 공공 · 산업용이나 발전사업자용의 태양광발전시스템은 전기안전관리자에 의해서 정기적으로 점검을 하도록 한다.

공공, 산업용 태양광발전시스템이나 발전사업자용 태양광발전시스템은 계측장치, 표시장치의 설치도 많기 때문에 일상의 운전상황 확인은 여기에서 할 수 있다.

3) 태양전지 어레이의 출력확인

태양광발전 어레이에서는 소정의 출력을 얻기 위해서 다수의 태양전지 모듈을 직렬 및 병렬로 접속하여 태양전지 어레이를 구성한다. 따라서 설치장소에서 접속작업을 하는 개소가 있고, 이런 접속이 틀리지 않게 했는지 정확히 확인할 필요가 있다.

또한 정기점검의 경우에도 사전에 태양전지 어레이의 출력을 확인하여 동작불량 태양전지 모듈의 발전이나 배선결함 등을 발견해야 한다.

① 개방전압의 측정

㉠ 개방전압 측정의 목적

태양전지 어레이의 각 스트링의 개방전압을 측정하여 개방전압의 불균일에 따라 동작불량의 스트링이나 태양전지 모듈의 검출 및 직렬 접속선의 결선 누락사고 등을 검출하기 위해서 측정해야 한다. 예를 들면, 태양전지 어레이 하나의 스트링 내에 극성을 다르게 접속한 태양전지 모듈이 있으면 스트링 전체의 출력전압은 올바르게 접속한 경우의 개방전압보다 상당히 낮은 전압이 측정된다. 따라서 제대로 접속된 경우의 개방전압을 카탈로그 혹은 사양서에서 확인해 두고 측정치와 비교하면 극성을 다르게 한 태양전지 모듈이 있는지를 쉽게 판단할 수 있다. 일사조건이 좋지 않은 경우에 카탈로그 등에서 계산한 개방전압과 다소 차이가 있는 경우에도 다른 스트링의 측정결과와 비교하면 오접속의 태양전지 모듈의 유무를 판단할 수 있다.

㉡ 개방전압 측정 시 유의사항

- 태양전지 어레이의 표면을 청소하는 것이 필요하다.
- 각 스트링의 측정은 안정된 일사강도가 얻어질 때 하도록 한다.
- 측정시각은 일사강도, 온도의 변동을 극히 적게 하기 위하여 맑을 때, 남쪽에 있을 때의 전후 1시간에 실시하는 것이 바람직하다.

- 태양전지는 비 오는 날에도 미소한 전압을 발생하므로 매우 주의하여 측정해야 한다.

㉢ 개방전압 측정방법

- 시험기재 : 직류전압계 (테스터)
- 회로도 : 개방전압 측정회로

그림 1-8 **개방전압 측정회로 예**

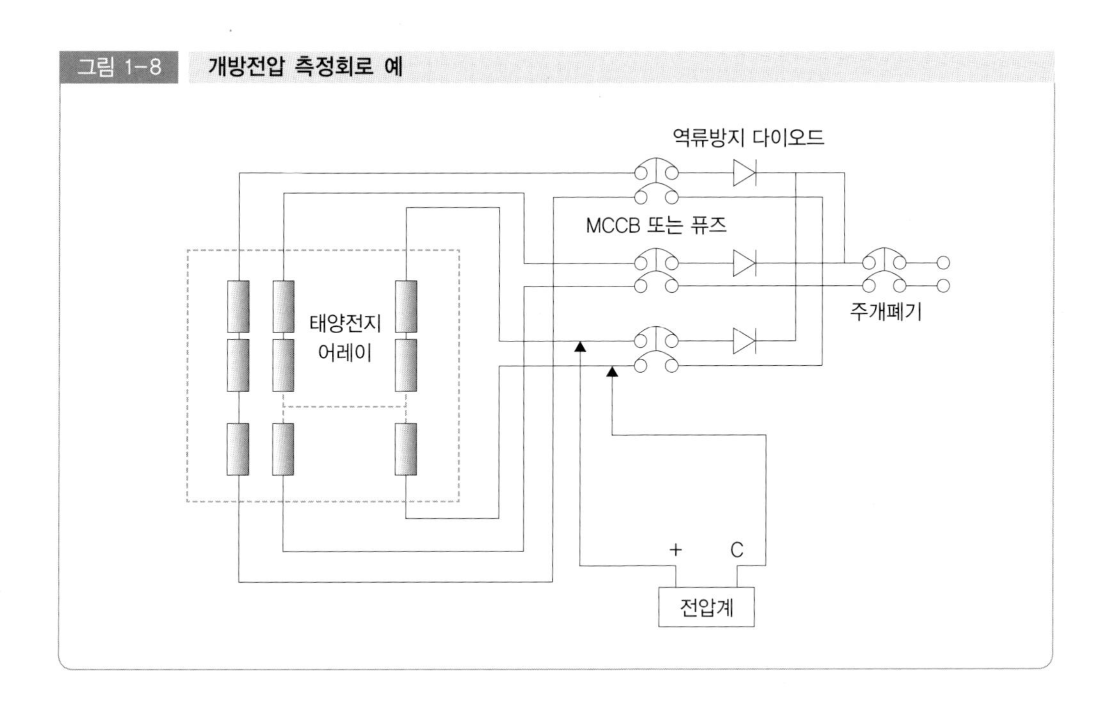

측정순서

① 접속함의 주개폐기를 OFF한다.

② 접속함의 각 스트링 MCCB 또는 퓨즈를 OFF한다.

③ 각 모듈이 그늘로 되어 있지 않은 것을 확인한다(각 모듈의 균일한 일조조건이 되기 쉬운 약간 흐림이라는 평가를 하기 쉽다. 단, 아침이나 저녁의 작은 일사조건은 피한다).

④ 측정하는 스트링의 MCCB만 ON하여, 직류전압계로 각 스트링의 PN 단자 간의 전압을 측정한다. 테스터를 이용한 경우 실수하여 전류측정 렌지로 하면 단락전류가 흐를 위험이 있기 때문에 주의를 해야 한다. 또한 디지털 테스터를 이용하는 경우는 극성표시(+, -)를 확인해야 한다.

⑤ 평가 : 각 스트링의 개방전압의 값이 특정 시의 조건하에서 타당한 값인지 확인한다(각 스트링의 전압의 차가 모듈 1매분 개방전압의 1/2 보다 적을 것을 목표로 한다).

② 단락전류의 확인

태양전지 어레이의 단락전류를 측정하는 것에 의해서 태양전지 모듈의 이상 유무를 검출할 수 있다. 태양전지 모듈의 단락전류는 일사강도에 따라 변동폭이 크기 때문에 설치장소의 단락전류 측정값으로 판단하기는 어려우나, 동일 회전조건의 스트링이 없는 것은, 스트링의 상호의 비교에 의해서 어느 정도 판단이 가능하다. 이 경우에도 안전한 일사강도가 얻어질 때 실시하는 것이 바람직하다.

4) 절연저항의 측정

태양광발전시스템의 각 부분의 절연상태는 발전하기 전에 충분히 확인할 필요가 있다. 운전개시나 정기점검의 경우는 물론 사고 시에도 불량개소의 판정을 하고자 하는 경우에 실시한다.

한편, 운전개시에 측정된 절연저항값은 그 후의 절연상태의 판단자료로 활용할 수 있기 때문에 측정결과를 기록하여 보관해 두어야 한다.

① 태양전지 회로

태양전지는 낮에 전압을 발생하고 있기 때문에 사전에 유의하여 절연저항을 측정해야 한다. 측정할 때는 뇌뢰보호를 위해서 어레스터 등의 피뢰소자가 태양전지 어레이의 출력단에 설치되어 있는 경우가 많으므로 측정 시 그러한 소자들의 접지측을 분리시킨다.

그림 1-9 절연저항 측정회로 예

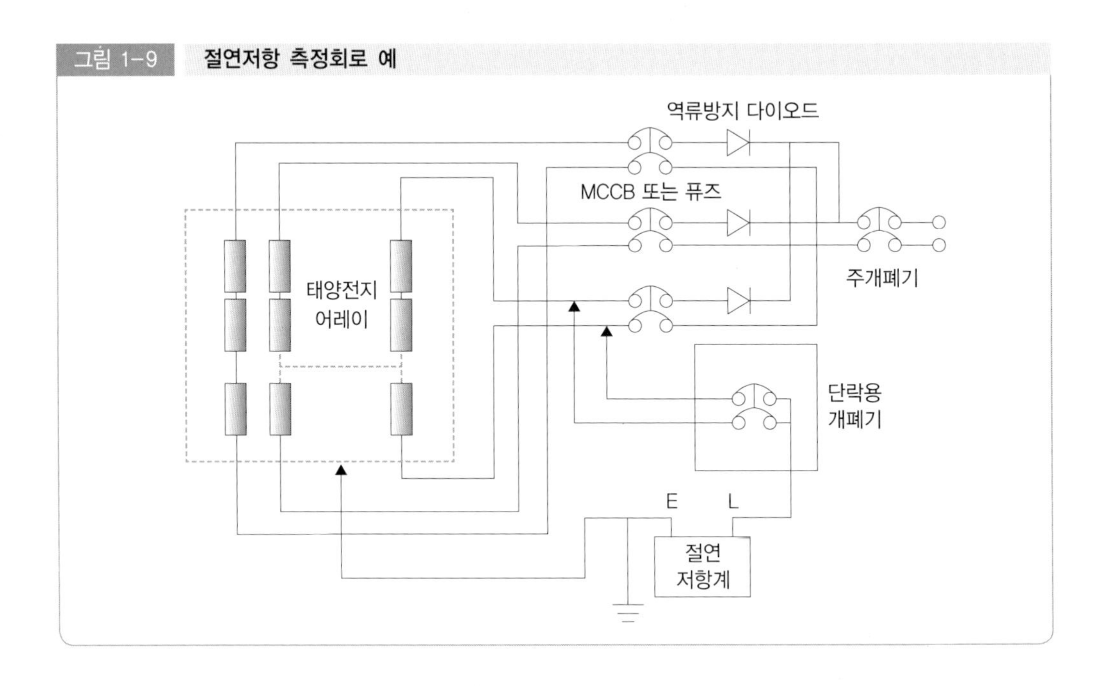

또한 절연저항은 기온이나 습도에 영향을 받기 때문에 절연저항 측정 시 기온, 습도 등의 기록도 측정치의 기록과 동시에 기록하여 둔다. 아울러 우천 시나 비가 갠 직후의 절연저항의 측정은 피하는 것이 좋다.

㉠ 시험기재 : 절연저항계(메가), 온도계, 습도계, 단락용 계폐기

㉡ 회로도 : 절연저항 측정회로(PN 간을 단락하는 방법의 예)

측정순서

① 주개폐기를 OFF한다. 주개폐기의 입력부에 서지업서버를 취부하고 있는 경우에는 접지단자를 분리시킨다.

② 단락용 개폐기(태양전지의 개방전압에서 차단전압이 높고, 출력개폐기와 동등 이상의 전류 차단능력을 가진 전류개폐기의 2차측을 단락하여 2차측에 각각 클립을 취부한 것)을 OFF한다.

③ 전체 스트링의 MCCB 또는 퓨즈를 OFF한다.

④ 단락용 개폐기의 1차측(+) 및 (-)의 클립을, 역류방지 다이오드에서도 태양전지측과 MCCB 또는 퓨즈의 사이에 각각 접속한다. 접속 후 대상으로 하는 스트링의 MCCB 또는 퓨즈를 ON으로 한다. 마지막으로 단락용 개폐기를 ON한다.

⑤ 메가의 E측을 접지단자에, L측을 단락용 개폐기의 2차측에 접속하고, 메가를 ON하여 저항치를 측정한다.

⑥ 측정 종료 후에 반드시 단락용 개폐기를 OFF로 해두고, MCCB 또는 퓨즈를 OFF로 하며, 마지막에 스트링의 클립을 제거한다. 이 순서를 절대로 다르게 해서는 안 된다. MCCB 또는 퓨즈에는 단락전류를 차단하는 기능이 없으며, 또한 단락상태에서의 클립을 제거하면 아크 방전이 생겨 측정자가 화상을 입을 가능성이 있다.

⑦ 서지업서버의 접지측 단자를 복원하여 대지전압을 측정해서 전류전하의 방전상태를 확인한다.

⑧ 측정결과의 판정기준을 전기설비기술기준에 따라 표시한다.

체크포인트

일사가 있을 때 측정하는 것은 큰 단락전류가 흘러 매우 위험하므로 단락용 차단기를 이용할 수 없는 경우에는 절대 측정해서는 안된다. 또한 태양전지의 직렬 수가 많고 전압이 높은 경우에는 예측할 수 없는 위험이 발생할 수 있어 측정하면 안 된다.

아울러 측정할 때는 태양전지 모듈에 커버를 씌우고 태양전지의 출력을 저하시키면 보다 안전한 측정을 할 수가 있다. 또한 단락용 차단기 및 전선은 고무절연 시트 등으로 대지절연을 유지하는 것이 정확한 측정치를 얻을 수 있다. 따라서 측정자의 안전을 지키기 위해서 고무장갑 혹은 마른 목장갑을 착용할 것을 권한다.

전로의 사용전압 구분		절연저항치(MΩ)
400V 미만	대지전압(접지식 전로는 전선과 대지 간의 전압, 비접지식 전로는 전선 간의 전압을 말한다.)의 150V 이하 경우	0.1 이상
	대지전압이 150V 초과 300V 이하인 경우(전압측 전선과 중선선 또는 대지 간의 절연저항)	0.2 이상
	사용전압이 300V 초과 400V 미만	0.3 이상
400V 이상		0.4 이상

② 인버터 회로 (절연변압기 부착)

측정기구로서 500V의 절연저항계를 이용하고, 인버터의 정격전압이 300V를 넘고 600V 이하의 경우는 100V의 절연저항계를 이용한다. 측정개소는 인버터의 입력회로 및 출력회로로 한다.

그림 1-10 인버터의 절연저항 측정회로

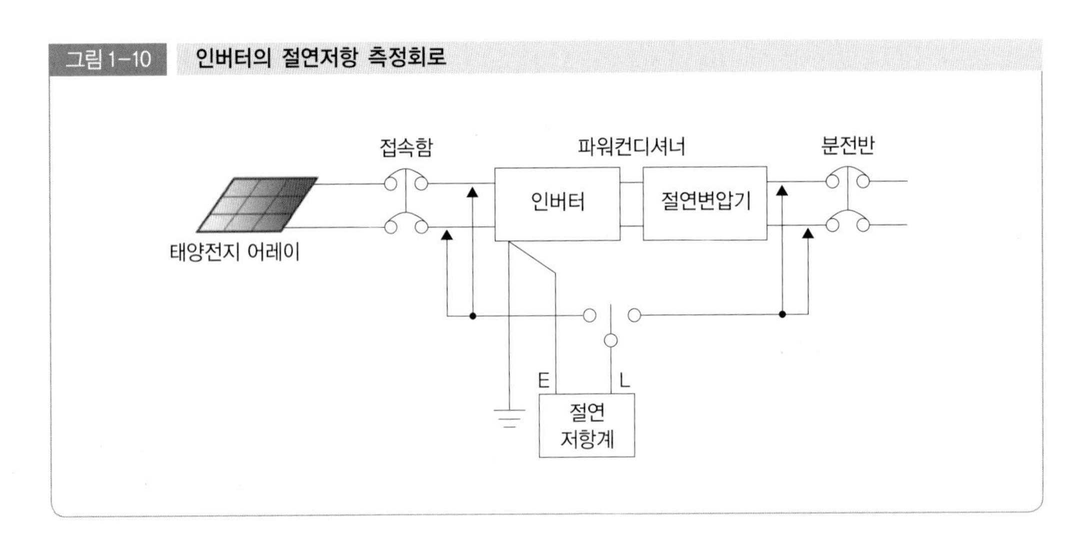

㉠ 입력회로

태양전지 회로를 접속함에서 분리하여 인버터의 입력단자 및 출력단자를 각각 단락하면서 입력단자와 대지 간의 절연저항을 측정한다. 접속함까지의 전로를 포함하여 절연저항을 측정하는 것으로 한다.

- 태양전지 회로를 접속함에서 분리한다.
- 분전반 내의 분기차단기를 개방한다.
- 직류측의 모든 입력단자 및 교류측의 전체의 출력단자를 각각 단락한다.
- 직류단자와 대지 간의 절연저항을 측정한다.

㉡ 출력회로

인버터의 입출력 단자를 단락하여 출력단자와 대지 간의 절연저항을 측정한다. 교류측 회로를 분전반 위치에서 분리하여 측정하기 위해 분전반까지의 전로를 포함하여 절연저항을 측정하게 된다. 절연트랜스가 별도로 설치된 경우에는 이를 포함하여 측정한다.

- 태양전지 회로를 접속함에서 분리한다.
- 분전반 내의 분기차단기를 개방한다.
- 직류측의 전체 입력단자 및 교류측의 전체 출력단자를 각각 단락한다.
- 교류단자의 그 대지 간의 절연 저항을 측정한다.
- 측정결과의 판정기준을 전기설비기술기준에 따라 표시한다.

㉢ 기타

- 정격전압이 입출력에서 다를 때에는 높은 측의 전압을 절연저항계의 선택기준으로 한다.
- 입출력 단자에 주회로 이외의 제어단자 등이 있는 경우는 이것을 포함해서 측정한다.
- 측정할 때는 서지업서버 등의 정격에 약한 회로에 관해서는 회로에서 분리시킨다.
- 트랜스리스 인버터의 경우는 제조업자가 추천하는 방법에 따라 측정한다.

5) 절연내압의 측정

일반적으로 저압회로의 절연은 제작회사에서 충분한 절연유지 후에 제작되고 있다. 또한 절연저항의 측정을 실시하는 것으로서 확인할 수 있는 경우가 많기 때문에 설치장소에서의 절연내압시험은 생략되는 것이 일반적이다. 절연내압시험을 실시할 필요가 있는 경우에는 다음과 같은 방법으로 실시한다.

① 태양전지 어레이 회로

앞에서 기술한 절연저항 측정과 같은 회로조건으로서 표준태양전지 어레이 개방전압을 최대사용전압으로 간주하여 최대사용전압의 1.5배의 직류전압 혹은 1배의 교류전압을 10분간 인가하여 절연파괴 등의 이상이 발생하지 않는 것을 확인한다. 아울러 태양전지 스트링의 출력회로에 삽입되어 있는 피로소자는 절연시험회로에서 분리시키는 것이 일반적이다.

② 인버터의 회로

앞에서 기술한 절연저항 측정과 같은 회로조건으로서 또한 시험전압은 태양전지 어레이 회로의 절연내압시험의 경우와 같이 시험전압을 10분간 인가하여 절연파괴 등의 이상이 생기지 않는 것을 확인한다. 단, 인버터 내에서는 서지업서버 등 접지되어 있는 부품이 있기 때문에 제조사에서 지시하는 방법으로 실시한다.

6) 접지저항의 측정

접지저항계에서 측정하여 전기설비기술기준에 정한 접지저항이 확보되는 것을 확인한다.

7) 계통연계 보호장치의 시험

계전기시험기 등을 사용하여 계전기의 동작특성을 확인하는 것과 동시에 전력회사와 협의하여 결정한 보호협조에 맞춘 설치가 되어있는지를 확인한다.

계통연계 보호기능 중 단독운전 방지기능에 관해서는 제작사에서 채용하고 있는 단독운전 방지기능이 다르기 때문에 제작사가 추천하는 방법으로 시험하거나 제작사에서 시험하여 얻는 것이 필요하다.

(2) 계측기기 등의 설치목적

태양광발전시스템의 계측기기나 표시장치는 시스템의 운전상태 감시, 시스템의 발전전력량 파악, 시스템의 성능을 평가하기 위한 데이터의 수집 및 시스템의 운전상황을 견학자에게 보여주고, 시스템의 홍보 등의 목적으로 설치한다.

실제의 계측 시스템에서는 이러한 것들을 단독으로 하는 경우와 조합하여 행하는 경우가 있으며, 또한 계측의 목적에 따라 계측점, 계측의 정도, 계측값의 취급방법이 다르다.

(3) 계측·표시에 필요한 기기

1) 검출기(Sensor)

① 직류회로의 전압은 직접 또는 분압기로 분압하여 검출하며, 직류회로의 전류는 직접 또는 분류기를 사용하여 검출한다.

② 교류회로의 전압, 전류 및 전력, 역률, 주파수의 계측은 직접 또는 PT, CT를 통해서 검출하고, 지시계기 또는 신호변환기 등에 신호를 공급한다.

③ 일사강도(수평면 또는 태양전지 어레이의 설치각도와 같은 경사면에서의 경사면 일사강도), 기온, 태양전지 어레이의 온도, 풍향, 습도 등의 검출기를 필요에 따라 설치한다.

2) 신호변환기(Transducer)

① 신호변환기는 검출기로 검출된 데이터를 컴퓨터 및 먼 거리에 설치한 표시장치에 전송하는 경우에 사용한다.

② 신호변환기는 각종 검출 데이터(전압, 전류, 전력 등)에 적합한 것이 시판되고 있으며, 그 중에서 필요한 것을 선택하며, 신호변환기의 출력신호도 입력신호 0~100%에 대하여 0~5V, 1~5V, 4~20mA 등 여러 가지 것이 시판되고 있기 때문에 그 중에서 최적인 것을 선택한다.

③ 신호출력은 노이즈가 혼입되지 않도록 실드선을 사용하여 전송하도록 한다(4~20mA의 전류신호로 전송하면 노이즈의 염려가 적게 됨).

3) 연산장치

① 연산장치에는 직류전력처럼 검출데이터를 연산하지 않으면 안되는 것에 사용하는 것과 일시 계측데이터를 적산하여 일정기간마다 평균값 또는 적산값을 얻는 것이 있다.

② 필요로 하는 데이터가 많을 경우에는 컴퓨터를 이용하여 연산하고, 단독 또는 매우 적은 데이터를 연산할 경우에는 개별적으로 연산기를 준비하도록 한다.

4) 기억장치

기억장치는 연산장치로서 컴퓨터를 사용하는 경우 그 메모리를 활용하여 기억하고, 필요하면 데이터를 복사하여 보존하는 방법이 일반적이며, 최근에는 계측장치 자체에 기억장치가 있는 것이 시판되고 있어 필요하면 메모리 카드 등에 복사하여 보관하는 방법도 있다.

(4) 홍보용 표시장치

견학자의 홍보목적으로, 혹은 태양광발전시스템의 현재 발전전력이나 당일 발전전력량을 표시할 목적으로, 혹은 발전전력량을 석유 절약량과 CO_2억제량 등으로 표시하여 태양광발전시스템의 환경에의 공헌도를 나타낼 목적 등으로 홍보용 표시장치를 필요로 하는 경우가 있다. 이러한 경우 계측 데이터 수집의 트랜스듀서 또는 컴퓨터의 출력을 사용하는 경우가 많지만, 표시수치의 행수나 표시의 절환간격 등에 주의할 필요가 있다.

(5) 주택용 시스템의 경우

일반가정 등에 설치할 경우에는 순시의 데이터보다는 운전상황의 감시를 위한 계측 및 표시가 필요한 경우가 많다. 따라서 인버터가 운전 중인지 정지 중인지 또는 고장인지를 램프 또는 LED로 표시하는 경우가 많다.

또한 전력회사에서 공급받은 수요전력량, 설계자로부터 전력회사에 역송전한 잉여전력량 그리고 태양광발전시스템의 발전전력량을 적산전력량계로 계측하는 경우가 많은데, 주택용 태양광발전시스템 모니터링 사업에 있어서는 이러한 3가지의 전력량을 1개월마다 계량, 기록하여 3개월마다 보고하는 것으로 되어 있다.

최근에는 인버터에 디지털 표시장치를 내장하여 순시의 출력전력, 출력전류, 혹은 1일의 발전전력량 등을 선택에 의해 또는 주기적으로 순차표시하고, 시스템의 운전상황을 표시하는 것도 있다.

(6) 계측을 위한 소비전력

계측기기는 미소하지만 어느 정도의 전력을 24시간 지속적으로 소비하게 된다. 예컨대, 주택용의 경우 컴퓨터 등을 사용하여 계측하면 25W×24시간에서 약 600Wh/일의 전력을 소비하는 것이 되고, 3kW의 주택용 태양광발전시스템에서는 평균적으로 1일 발전전력량의 약 5% 이상을 소비하는 것이 된다. 계측장치의 소비전력을 억제하기 위해서, 특히 소규모 시스템의 경우 계측항목을 필요 최저한으로 줄이는 것이 중요하다.

PART 1 태양광발전시스템 운영 실·전·기·출·문·제

2013 태양광기사

01. 파워컨디셔너의 단독운전 방지기능에서 능동적 방식에 속하지 않은 것은?

① 유효전력 변동방식
② 무효전력 변동방식
③ 주파수 시프트방식
④ 주파수 변화율 검출방식

정답 ④

인버터기능
① 자동운전 정지기능
② 최대전력 추종 제어기능
③ 단독운전 방지기능
  ㉠ 수동적기능 (전압위상도약검출방식 / 3차고주파전압왜율급등검출방식 / 주파수변화율검출방식)
  ㉡ 능동적기능 (유효전력변동방식 / 무효전력변동방식 / 주파수시프트방식 / 부하변동방식)
④ 자동전압 조정기능
⑤ 직류검출기능
⑥ 지락전류 검출기능
⑦ 계통연계 보호장치

2013 태양광기사

02. 태양전지 어레이 출력확인을 위해 개방전압을 측정할 때의 순서를 올바르게 나열한 것은?

ㄱ. 각 모듈이 그늘로 되어있지 않은 것을 확인한다.
ㄴ. 접속함의 각 스트링 MCCB 또는 퓨즈를 OFF한다.
ㄷ. 접속함의 주개폐기를 OFF한다.
ㄹ. 측정하려는 스트링의 MCCB 또는 퓨즈를 OFF하여 측정한다.

① ㄱ→ㄴ→ㄷ→ㄹ
② ㄱ→ㄷ→ㄴ→ㄹ
③ ㄴ→ㄷ→ㄱ→ㄹ
④ ㄷ→ㄴ→ㄱ→ㄹ

정답 ④

개방전압을 측정할 때의 순서
① 접속함의 주개폐기 OFF
② 접속함의 각 스트링 MCCB(또는 퓨즈) OFF
③ 각 모듈이 그늘로 되어있지 않은 것 확인
④ 측정하려는 스트링의 MCCB(또는 퓨즈) OFF하여 측정

2013 태양광산업기사

03. 태양광발전시스템의 단락전류 측정 시 가장 높게 측정되는 경우는 다음 중 어느 것인가?

① 한 여름 낮(태양전지 어레이 표면 온도 70℃)
② 한 여름 아침(태양전지 어레이 표면 온도 20℃)
③ 한 겨울 낮(태양전지 어레이 표면 온도 40℃)
④ 한 겨울 아침(태양전지 어레이 표면 온도 −10℃)

정답 ①
태양광발전시스템의 단락전류 측정 시 한 여름 낮(태양전지 어레이 표면 70℃)일 때 가장 높게 측정된다.

2013 태양광기사

04. 태양광전원의 연계용 변압기의 용량이 1MVA인 경우, 5%의 임피던스를 가지고 있다면 100MVA기준으로 한 %임피던스는?

① 300%　② 400%　③ 500%　④ 60%

정답 ③
MVA인 경우 5%의 임피던스를 가지므로 100MVA인 경우는 500%의 임피던스를 가진다.

2013 태양광기능사

05. 태양광 발전설비가 작동되지 않을 때 응급조치 순서로 옳은 것은?

① 접속함 내부차단기 개방 → 인버터 개방 → 설비점검
② 접속함 내부차단기 개방 → 인버터 투입 → 설비점검
③ 접속함 내부차단기 투입 → 인버터 개방 → 설비점검
④ 접속함 내부차단기 투입 → 인버터 투입 → 설비점검

정답 ①
우리가 사용하는 전류는 220V 이상의 높은 전압으로 태양광 발전설비가 작동되지 않을 때 맨 처음 조치할 사항은 접속함 내부차단기를 개방하고 순차적으로 인버터 개방하고 설비점검을 하여야 한다.

2013 태양광기사

06. 태양전지 어레이의 전기적 회로 구성요소가 아닌 것은?

① 스트링
② 바이패스 다이오드
③ 환류 다이오드
④ 접속함

정답 ③

태양전지 어레이는 스트링, 바이패스 다이오드, 역류방지 다이오드, 접속함 등으로 구성되어 있다.

2013 태양광산업기사

07. 태양광 모듈에 설치되어 있는 바이패스 다이오드(Bypass Diode)의 역할과 거리가 먼 것은?

① 그림자 효과가 발생할 때 쉽게 작동한다.
② 내부의 직렬저항이 커질 때 작동한다.
③ 전지 내부의 병렬저항이 작아질 때 쉽게 작동한다.
④ 병렬 Diode의 개수가 증가할수록 쉽게 작동한다.

정답 ④

태양전지 모듈에서 그 일부의 태양전지 셀에 그늘(음영)이 발생하면 음영 셀은 발전을 하지 못하고 열점(Hot Spot)을 일으켜 셀의 파손 등을 일으킬 수 있다. 이를 방지하기 위한 목적으로 셀(Cell)들과 병렬로 접속하는 소자가 바이패스 다이오드(Bypass Diode)이다.

PART 2

태양광발전시스템 품질관리

제1절 성능평가

1. 성능평가 개념
2. 성능평가를 위한 측정요소

제2절 품질관리 기준

1. KS, ISO기준 및 IEC 기준규격
2. KS 기준규격
3. IEC 기준규격

1 성능평가

1. 성능평가 개념

태양전지 모듈은 옥외에서 장기간 노출되어 사용되기 때문에 고온 · 고습 · 염분 · 강풍 · 모래 · 폭풍 · 강설 · 강포(우박내림) 등 혹독한 기상조건에서도 특성이 열화되지 않고 동작한다고 해도 자외선에 의한 열화나 변색이 가장 걱정되는 부분이다. 태양광발전시스템 설치 시 시공법, 설치장소, 설치형태의 확대와 동시에 설치코스트 저감, 신뢰성 확보를 통하여 태양광발전시스템의 유효성을 인식시켜 보다 적극적인 태양광발전시스템의 도입 확대를 위한 성능평가분석이 요구되어지고 있다.

성능평가 분석은 태양광발전시스템 전반적인 측면의 사이트 개요, 설치 코스트, 발전성능, 신뢰성 등으로 크게 분류하여 평가 분석할 필요가 있으며, 발전성능은 시스템의 전체적 성능과 구성요소의 성능으로 분류하여 평가 분석이 필요하다.

성능평가란 태양광발전시스템의 계측 및 모니터링만으로 끝나는 것이 아니라 구체적인 정밀분석으로 기술개발과 피드백되는 양순환 체제 속에서 산업화 기술로 연계되는 중요한 기술이라 할 수 있다.

2. 성능평가를 위한 측정요소

(1) 일반적인 성능평가의 분류

1) 시스템 성능평가의 분류

① 사이트 개요(시스템 전반적인 측면)

㉠ 설치대상기관

㉡ 설치시설의 분류

㉢ 설치시설의 지역

㉣ 설치형태

㉤ 설치용량

㉥ 설치각도와 방위

㉧ 시공업자

㉨ 기기 제조사

② 발전성능

③ 신뢰성

④ 설치코스트 (경제성)

㉠ 시스템 설치단가

㉡ 태양전지 설치단가

㉢ 인버터 설치단가

㉣ 어레이 가대 설치단가

㉤ 계측표시장치 단가

㉥ 기초공사 단가

㉦ 부착공사 단가

㉧ 구성요인의 성능 · 신뢰성

2) 신뢰성 평가·분석 항목

① 트러블

㉠ 시스템 트러블

인버터 정지, 직류지락, ELCB 트립(Trip), 계통지락, 원인불명 등에 의한 시스템 운전정지 등

㉡ 계측 트러블

컴퓨터 전원의 차단, 프리즈, 컴퓨터의 조작오류, 기타 원인불명

② 운전 데이터의 결측상황

③ 계획정지

정전 등 (정기점검·개수정전, 계통정전)

(2) 태양광발전시스템 성능분석 용어 및 산출방법

1) 태양광 어레이 변환효율(PV Array Conversion Efficiency)

$$\frac{\text{태양전지 어레이 출력전력}(kW)}{\text{경사면 일사량}(kWh/m^2) \times \text{태양전지 어레이 면적}(m^2)}$$

$$\frac{\text{태양전지 어레이 최대출력}(kW)}{\text{태양전지 어레이 면적}(m^2) \times \text{방사조도}(W/m^2)}$$

2) 시스템 발전효율(System Efficiency)

$$\frac{\text{시스템 발전 전력량}(kWh)}{\text{경사면 일사량}(kWh/m^2) \times \text{태양전지 어레이 면적}(m^2)}$$

3) 태양에너지 의존율(Dependency on Solar Energy)

$$\frac{\text{시스템 평균 발전전력 혹은 전력량}(kWh)}{\text{부하소비전력}(kW)\ \text{혹은 전력량}(kWh)}$$

4) 시스템 이용률(Capacity Factor)

$$\frac{\text{시스템 발전 전력량}(kWh)}{24(h) \times \text{운전일수} \times \text{태양전지 어레이 설계용량}(\text{표준상태})(kWh)}$$

$$\frac{\text{태양광발전시스템 출력에너지}}{(\text{태양광발전어레이의 정격출력} \times \text{가동시간설계용량}(\text{표준상태})}$$

5) 시스템 성능(출력)계수(Performance Ratio)

$$\frac{\text{시스템 발전 전력량}(kWh) \times \text{표준일사강도}(kW/m^2)}{\text{태양전지 어레이 설계용량}(\text{표준상태})(kWh) \times \text{경사면 일사량}(kW/m^2)}$$

$$\frac{\text{시스템 발전전력량}(kWh)}{\text{경사면 일사량}(kWh/m^2) \times \text{태양전지 어레이 면적}(m^2) \times \text{태양전지 어레이 변환효율}(\text{표준상태})}$$

6) 시스템 가동률(System Availability)

$$\frac{\text{시스템 동작시간}(h)}{24(h) \times \text{운전일수}}$$

7) 시스템 일조가동률(System Availability per Sunshine Hour)

$$\frac{\text{시스템 동작시간}(h)}{\text{가조시간}}$$

※ 가조시간(possible duration of sunshine) : 태양이 뜬 다음부터 다시 질 때까지의 시간

(3) 성능평가를 위한 측정요소

그림 2-1 태양전지 측정법

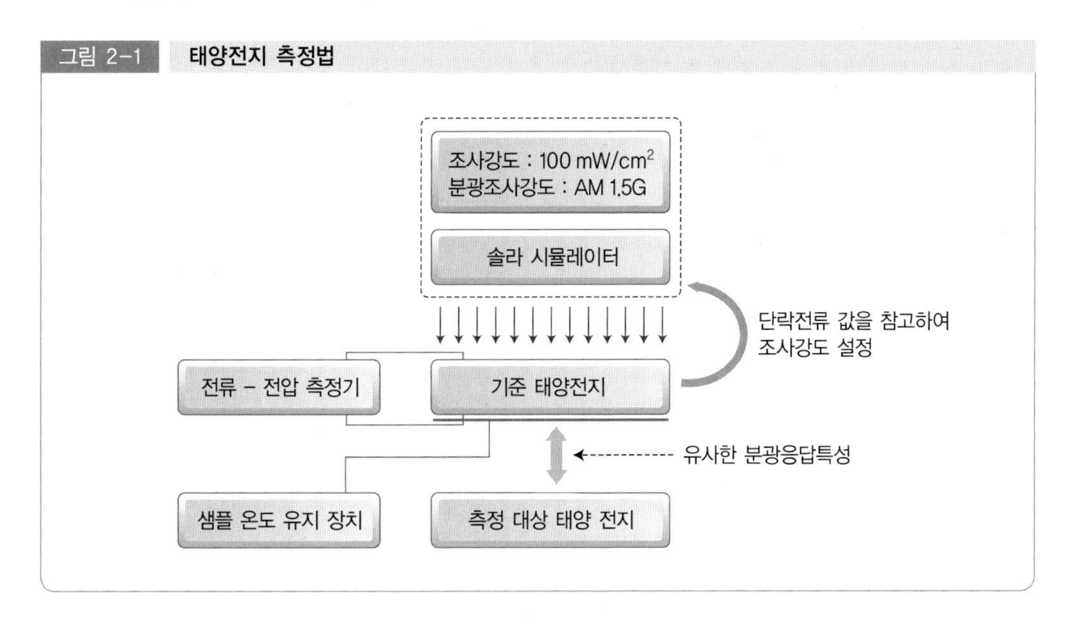

태양전지의 특성 측정법

태양전지는 태양빛을 받아 전력을 생산하는 반도체 소자로서 개방전압(Voc), 단락전류(Isc), 최대출력(Pmax), 충진률(F.F), 변환효율(η) 등의 지표는 태양전지의 성능 및 시장에서의 거래 가격을 결정하는 주요 요소이다. 태양전지 성능지표는 IEC 규격에서 제시하는 특정한 스펙트럼 및 조사강도를 가지는 빛에 태양전지를 노출시킨 후 태양전지가 출력하는 전류-전압 특성을 측정함으로서 확인할 수 있다.

(4) 태양전지 특성측정을 위한 장치구성

솔라 시뮬레이터는 표준시 조건의 빛과 유사한 빛을 인공적으로 발생시켜 주는 장치이다. KS C IEC 60904-9에서 규정하는 방사조도 ±2% 이내, 광원균일도 ±2% 이내의 A등급 이상으로 한다.

1) 온도유지장치

측정시간동안 태양전지의 온도를 25℃로 유지시켜주는 장치

2) 항온항습기

태양전지 모듈의 온도사이클시험, 습도-동결시험, 고온고습시험을 하기 위한 환경 챔버장치이며, KS C IEC 61215에서 규정하는 온도 ±2℃ 이내, 습도 ±5% 이내이어야 한다.

3) 전류-전압 측정기

태양전지의 전류-전압 특성곡선을 측정하는 장치

4) 기준 태양전지

표준시험조건에서 항상 일정한 단락전류를 출력하는 특성이 안정된 태양전지로 솔라 시뮬레이터의 조사강도를 표준시험 값인 100mW/㎠를 조정하는데 사용

5) 분광응답측정기, 분광복사계

6) 염수분무장치

태양전지 모듈의 구성재료 및 패키지의 염분에 대한 내구성을 시험하기 위한 환경 챔버이며, KS C IEC 61701의 규정에 따른다.

7) UV 시험장치

태양전지 모듈이 태양광에 노출되는 경우에 따라서 유기되는 열화정도를 시험하기 위한 장치로서, KS C IEC 61215의 규정에 따른다.

8) 기계적하중 시험장치

태양전지 모듈에 대하여 바람, 눈 및 얼음에 의한 하중에 대한 기계적 내구성을 조사하기 위한 장치로서 KS C IEC 61215의 규정에 따른다.

9) 우박시험장치

우박의 충격에 대한 태양전지 모듈의 기계적 강도를 조사하기 위한 시험장치로서 KS C IEC 61215의 규정에 따른다.

10) 단자강도 시험장치

태양전지 모듈의 단자부분이 모듈의 부착, 배선 또는 사용 중에 가해지는 외력에 대하여 충분한 강도가 있는지를 조사하기 위한 장치로서 KS C IEC 61215의 규정에 따른다.

(5) 태양전지 모듈의 특성 판정기준

1) 외관검사

1000 Lux 이상의 광 조사상태에서 모듈외관, 태양전지 셀 등에 크랙, 구부러짐, 갈라짐 등이 없는지를 확인하고, 셀간 접속 및 다른 접속부분에 결함이 없는지, 셀과 셀, 셀과 프레임상의 터치가 없는지, 접작에 결함이 없는지, 셀과 모듈 끝 부분을 연결하는 기포 또는 박리가 없는지 등을 검사하며, KS C IEC 61215의 시험방법에 따라 시험한다.

① Cell, Glass, J - Box, Frame, 기타사항(접지단자, 출력단자) 등의 이상이 없을 것
② 모듈외관 : 크랙, 구부러짐, 갈라짐 등이 없는 것
③ 셀 : 깨짐, 크랙이 없는 것
④ 셀간 접속 및 다른 접속부분에 결함이 없는 것
⑤ 셀과 셀, 셀과 프레임의 터치가 없는 것
⑥ 접착에 결함이 없는 것
⑦ 셀과 모듈 끝 부분을 연결하는 기포 또는 박리가 없는 것 등

2) 최대출력 결정

이 시험은 환경시험 전후에 모듈의 최대출력을 결정하는 시험으로 인공 광원법에 의해 태양광 모듈의 I - V 특성시험을 수행하며, AM 1.5, 방사조도 1 kW/㎡, 온도 25℃ 조건에서 기준 셀을 이용하여 시험을 실시하여 개방전압(Voc), 단락전류(Isc), 최대전압(Vmax), 최대전류(Imax), 최대출력(Pmax), 곡선율(F.F) 및 효율(eff)을 측정한다.

KS C IEC 61215에서 정하는 KS C IEC 60906 - 9의 솔라 시뮬레이터를 사용하여 KS C IEC 60904 - 1 시험방법에 따라 시험한다. 단, 시험시료는 9매를 기준으로 한다.

AM이란 에어매스(Air Mass)의 약자인데, 이것은 태양직사광이 지상에 입사하기까지의 통과하는 대기의 양을 표시하고 있고 바로 위(태양고도 90도)에서의 일사를 AM=1로 하여 그 배율로 표시한 파라미터로서, AM 1.5는 광(光)의 통과거리가 1.5배로 되고 태양고도 42도에 상당한다. AM이 크게 되면 아침 해와 석양의 해처럼 짧은 파장의 광이 대기에 흡수되어 적광(적외선)이 많게 되고, AM이 적게 되면 청광(자외선)이 강하게 된다.

태양전지는 그 종류 및 구성재료나 제조방법에서 광의 파장감도와는 다르지만, 광의 질(분광분포)을 일치하여 측정할 필요가 있다.

① 해당 태양광 모듈의 최대출력을 측정하되, 시험시료의 평균출력은 정격출력 이상일 것
② 시험시료의 출력 균일도는 평균출력의 ±3 % 이내일 것
③ 시험시료의 최종 환경시험 후 최대출력의 열화는 최초 최대출력의 - 8%를 초과하지 않을 것

3) 절연시험

① 절연내력시험은 최대시스템전압의 두 배에 1000V를 더한 것과 같은 전압을 최대 500 V/s 이하의 상승률로 태양전지 모듈의 출력단자와 패널 또는 접지단자(

프레임)에 1분간 유지한다. 다만 최대시스템전압이 50V 이하일 때는 인가전압은 500V로 한다.

② 절연저항 시험은 시험기 전압을 500V/s를 초과하지 않는 상승률로 500V 또는 모듈시스템의 최대전압이 500V보다 큰 경우 모듈의 최대시스템전압까지 올린 후 이 수준에서 2분간 유지한다. KS C IEC 6215의 시험방법에 따라 시험한다.

- ①항의 시험동안 절연파괴 또는 표면균열이 없어야 한다.
- ②항은 모듈의 측정면적에 따라 0.1㎡ 미만에서는 400㏁ 이상일 것
- ②항은 모듈의 시험면적에 따라 0.1㎡ 이상에서는 측정값과 면적의 곱이 40 MΩ·㎡ 이상일 것

4) 온도계수의 측정

모듈측정을 통해 전류의 온도계수(α), 전압의 온도계수(β) 및 피크전력(δ)을 조사하는 것을 목적으로 한다.

이렇게 결정된 계수는 측정한 방사조도에서 유효하다. 다른 방사조도 수준에서의 모듈의 온도계수 계산은 KS C IEC 60904-10을 참조하며, KS C IEC 61215의 시험방법에 따라 시험한다.

별도의 판정기준을 갖지 않으며, 해당 태양광 모듈의 온도계수를 측정한다.

5) 공칭 태양전지 동작온도(NOCT)의 측정(Nominal Operating Cell Temperature)

이 측정은 모듈의 공칭 태양전지 동작온도(NOCT)를 결정하는 것을 목적으로 하며, KS C IEC 61215의 시험방법에 따라 시험한다.

별도의 판정기준을 갖지 않으며, 해당 태양전지 모듈의 NOTC를 측정한다.

6) STC(Standard Test Condition) 및 NOCT에서의 성능

모듈의 전기특성이 STC(KS C IEC 60904-3의 기준 분광방사조도를 가진 25℃에서 1000 W/㎡의 방사조도) 조건 하에서와 NOCT(KS C IEC 60904-3의 기준 분광방사조도를 가진 800 W/㎡의 방사조도) 조건 하에서, 부하와 함께 어떻게 변화하는지 결정하는 것을 목적으로 하며, 시험방법은 KS C IEC 61215의 시험방법에 따라 시험한다.

별도의 판정기준을 갖지 않으며, 해당 태양광 모듈의 STC, NOCT 조건 하에서 부하에 따른 성능특성을 측정한다.

7) 낮은 조사강도에서의 특성

이 시험은 모듈의 전기적 특성이 25℃ 및 200 W/㎡(적절한 기준기기로 측정)의 방사조도에서, 부하와 함께 어떻게 변화하는지를 자연광 또는 규정의 요구에 적합한 B 등급 이상의 시뮬레이터를 사용하여 KS C IEC 60904-1에 의해 전기적 특성을 결

정하는 것을 목적으로 하며, KS C IEC 61215의 시험방법에 따라 시험한다.

별도의 판정기준을 갖지 않으며, 해당 태양전지 모듈의 낮은 조사강도에서의 성능 특성을 측정한다.

8) 옥외노출시험

이 시험은 모듈의 옥외 조건에서의 내구성을 일차적으로 평가하고 또 시험소의 시험에서는 검출되지 않는 복합적 열화의 영향을 파악하는 것을 목적으로 하고, 태양전지 모듈을 적산 일사량계로 측정한 적산 일사량이 60kWh/㎡에 도달할 때까지 시험하며, KS C IEC 61215의 시험방법에 따라 시험한다.

① 최대출력 : 시험 전 값의 95% 이상 일 것

② 절연저항 : 6.3항 기준에 만족할 것

③ 외관 : 두드러진 이상이 없고, 표시는 판독할 수 있으며 6.1항 기준에 만족할 것

9) 열점 내구성 시험

태양전지 모듈이 과열점 가열의 영향에 대한 내구성을 결정하는 것을 목적으로 한다. 이 결함은 셀의 부정합, 균열, 내부접속 불량, 부분적인 그늘 또는 오손에 의해 유발될 수 있다. 시험은 KS C IEC 61215의 시험방법에 따라 시험한다.

① 최대출력 : 시험 전 값의 95% 이상 일 것

② 절연저항 : 6.3항 기준에 만족할 것

③ 외관 : 두드러진 이상이 없고, 표시는 판독할 수 있으며 6.1항 기준에 만족할 것

10) UV 전처리 시험(UV preconditioning test)

태양전지 모듈의 태양광에 노출되는 경우에 따라서 유기되는 열화정도를 시험한다. 제논아크등을 사용하여 모듈온도 60℃±5℃의 건조한 조건을 유지하고 파장범위 280nm~320nm에서 방사조도 5kWh/㎡ 또는(3~10%) 및 파장범위 280nm~380nm에서 방사조도 15kWh/㎡에서 시험하며, KS C IEC 61215의 시험방법에 따라 시험한다.

① 최대출력 : 시험 전 값의 95% 이상 일 것

② 절연저항 : 6.3항 기준에 만족할 것

③ 외관 : 두드러진 이상이 없고, 표시는 판독할 수 있으며 6.1항 기준에 만족할 것

11) 온도사이클시험(시험a : 200 사이클, 시험b : 50 사이클)

환경온도의 불규칙한 반복에서, 구조나 재료간의 열전도나 열팽창률의 차이에 의한 스트레스의 내구성을 시험한다.

고온 측 85℃ ± 2℃ 및 저온 측 -40℃ ± 2℃로 10분 이상 유지하고 고온에서 저

온으로 또는 저온에서 고온으로 최대 100℃/h의 비율로 온도를 변화시킨다. 이것을 1사이클로 하고 6시간 이내에 하고 특별히 규정이 없는 한 UV 전처리시험 후 온도사이클 시험b 50회, 습윤누설전류시험 후 온도사이클 시험a 200회를 실시 한다. 최소 1시간의 회복시간 후, KS C IEC 61215의 시험방법에 따라 시험한다.

① 최대출력 : 시험 전 값의 95% 이상 일 것

② 절연저항 : 6.3항 기준에 만족할 것

③ 외관 : 두드러진 이상이 없고, 표시는 판독할 수 있으며 6.1항 기준에 만족할 것

④ 시험 도중에 회로가 손상(open circuit) 되지 않을 것

12) 습도-동결 시험

고온 · 고습, 영하의 저온 등의 가혹한 자연환경에 반복 장시간 놓았을 때, 영 팽창률의 차이나 수분의 침입 · 확산, 호흡작용 등에 의한 구조나 재료의 영향을 시험한다.

고온 측 온도조건을 85℃ ± 2℃, 상대습도 85% ± 5%에서 20시간 이상 유지하고, 저온 측 온도조건을 -40℃ ± 2℃ 조건에서 0.5시간 이상 유지한다.

위의 조건을 1사이클로 하여 24시간 이내에 하고 10회 실시한다. 최소 2~4시간의 회복시간 후, KS C IEC 61215의 시험방법에 따라 시험한다.

① 최대출력 : 시험 전 값의 95% 이상일 것

② 절연저항 : 6.3항 기준에 만족할 것

③ 외관 : 두드러진 이상이 없고, 표시는 판독할 수 있으며 6.1항 기준에 만족할 것

13) 고온고습 시험

고온 · 고습 상태에서의 사용 및 저장하는 경우의 태양전지 모듈의 열적 스트레스와 적성을 시험한다. 이때 접합재료의 밀착력의 저하를 관찰한다.

시험조 내의 태양전지 모듈의 출력단자를 개방상태로 유지하고 방수를 위하여 염화비닐제의 절연테이프로 피복하여, 온도 85℃ ± 2℃, 상대습도 85% ± 5%로 1,000시간 시험한다. 최소 2~4시간의 회복시간 후, KS C IEC 61215의 시험방법에 따라 시험한다.

① 최대출력 : 시험 전 값의 95% 이상 일 것

② 절연저항 : 6.3항 기준에 만족할 것

③ 습윤누설전류시험 : 6.15항 기준에 만족할 것

④ 외관 : 두드러진 이상이 없고, 표시는 판독할 수 있으며 6.1항 기준에 만족할 것

14) 단자강도 시험

모듈의 단자부분이 모듈의 부착, 배선 또는 사용 중에 가해지는 외력에 충분한 강도가 있는 지를 시험하며, KS C IEC 61215의 시험방법에 따라 시험한다.

① 최대출력 : 시험 전 값의 95% 이상 일 것
② 절연저항 : 6.3항 기준에 만족할 것
③ 외관 : 두드러진 이상이 없고, 표시는 판독할 수 있으며 6.1항 기준에 만족할 것

15) 습윤누설전류 시험

모듈이 옥외에서 강우에 노출되는 경우의 적성을 시험하며, KS C IEC 61215의 시험방법에 따라 시험한다.

① 모듈의 측정면적에 따라 0.1m^2 미만에서는 절연저항 측정값이 400MΩ 이상일 것
② 모듈의 측정면적에 따라 0.1m^2 이상에서는 절연저항 측정값과 모듈 면적의 곱이 40MΩ · m^2 이상일 것

16) 기계적 하중시험

태양전지 모듈에 대하여 바람, 눈 및 얼음에 의한 하중에 대한 기계적 내구성을 시험하며, KS C IEC 61215의 시험방법에 따라 시험한다.

① 최대출력 : 시험 전 값의 95% 이상 일 것
② 절연저항 : 6.3항 기준에 만족할 것
③ 외관 : 두드러진 이상이 없고, 표시는 판독할 수 있으며 6.1항 기준에 만족할 것
④ 시험동안 회로단선(open circuit)이 없어야 한다.

17) 우박 시험

우박의 충격에 대한 모듈의 기계적 강도를 시험하며, KS C IEC 61215의 시험방법에 따라 시험한다.

① 최대출력 : 시험 전 값의 95% 이상 일 것
② 절연저항 : 6.3항 기준에 만족할 것
③ 외관 : 두드러진 이상이 없고, 표시는 판독할 수 있으며 6.1항 기준에 만족할 것

18) 바이패스 다이오드 열시험(Bypass diode thermal test)

태양전지 모듈의 핫-스폿 현상에 대한 유해한 결과를 제한하기 위해 사용된 바이패스 다이오드가 열에 대한 내성설계가 얼마나 잘 되어있는지 그리고 유사한 환경에서 장시간 사용할 경우 신뢰성이 확보되었는지를 평가하는 것을 목적으로 하며, STC조건에서 단락전류의 1.25배와 같은 전류를 적용한다. KS C IEC 61215의 시험방법에 따라 시험한다.

① 최대출력 : 시험 전 값의 95% 이상 일 것

② 절연저항 : 6.3항 기준에 만족할 것

③ 외관 : 두드러진 이상이 없고, 표시는 판독할 수 있으며 6.1항 기준에 만족할 것

④ 시험이 끝난 후에도 다이오드의 기능을 유지하여야 한다.
다이오드 접합온도는 다이오드 제조자가 제시한 정격최대온도를 초과하지 않아야 한다.

19) 염수분무시험

염해를 받을 우려가 있는 지역에서 사용되는 모듈의 구성재료 및 패키지의 염분에 대한 내구성을 시험한다. 시험품은 이상부식을 방지하기 위하여 미리 연선의 단자부 봉지 등 실사용 조건과 같은 단자처리 또는 보호하여 둔다.

소정의 염수분무실에서 15℃에서 35℃ 사이의 온도에서 염수농도 5%±1%의 무게비로 하여 2시간 염수분무 후 온도 40℃±2℃, 상대습도 93%±5%의 조건에서 7일간 시험하고, 위의 시험을 4회 반복한다. 소금 부착물을 상온의 흐르는 물로 5분간 세척한 후 증류수 또는 탈이온수로 씻고 부드러운 솔을 사용하여 물방울을 제거하고 55℃±2℃의 조건에서 1시간 건조시킨 후 표준상태에서 1~2시간 이내로 방치하고 냉각한다. KS C IEC 61215의 시험방법에 따라 시험한다.

① 최대출력 : 시험 전 값의 95% 이상 일 것

② 절연저항 : 6.3항 기준에 만족할 것

③ 외관 : 두드러진 이상이 없고, 표시는 판독할 수 있으며 6.1항 기준에 만족할 것

20) 시리즈인증

시리즈인증은 기본모델(시리즈 기본모델)의 정격출력 ± 10% 범위 내의 모델에 대하여 적용한다.

① 기본모델에 대하여 전항목을 시험한다. 단, 시리즈모델에 대한 유사모델 시험은 부속서에 따라 시리즈기본모델에 적용한다.

② 시리즈모델 중 최대 정격출력 모델에 대하여 6.1(외관검사), 6.2(발전성능시험), 6.3(절연저항시험)을 실시한다.

(6) 표시사항

1) 일반사항

내구성이 있어야 하며 소비자가 명확히 인식할 수 있도록 표시하여야 한다.

2) 제조 및 사용 표시

인증설비에 대한 표시는 최소한 다음 사항을 포함하여야 한다.

① 업체명 및 소재지

② 제품명 및 모델명

③ 정격(최대시스템 전압, 정격최대출력, 최대출력의 최소값 등) 및 적용조건

④ 제조연월일

⑤ 인증부여번호

⑥ 신재생에너지 설비인증표지

⑦ 기타사항

2 품질관리 기준

1. KS, ISO기준 및 IEC 기준규격(태양광 모듈의 내구성에 관하여)

(1) 태양광 모듈의 내구성에 미치는 영향

① 태양전지 모듈은 옥외에서 약 20년 이상의 장기간 사용되어야 하기 때문에 자연환경의 영향을 강하게 받는다. 모듈의 성능 또는 수명에 영향을 미치는 주요 요인으로는 태양광선 중의 자외선, 온도변화, 습도, 바람, 적설, 결빙, 우박 등에 의한 기계적 스트레스와 염분, 기타 부식성 가스 또는 모래, 분진 등을 생각할 수 있다.

② 태양전지 모듈이 사용연수에 따라서 나타나는 정상적인 수명곡선은 외부에 노출되어 발전하게 되면 초기에는 약간의 출력감소 특성을 나타내게 되며, 그 후 사용연수에 관계없이 큰 출력의 변화없이 안정적인 출력특성을 보이게 된다.

③ 비정상적인 태양전지 모듈의 경우 시간이 지날수록 노화현상이 심화되어 출력특성이 급격하게 감소하게 되며, 결국 태양전지 모듈로서의 수명을 다하게 된다.

④ 실제 자연환경에서는 매우 다양한 환경변화에 의해 복합적으로 태양전지 모듈의 수명에 영향을 미치게 되는데 크게 기상환경에 의한 열화, 열에 의한 열화, 기계적 충격에 의한 열화 등으로 분류할 수 있다.

1) 기상 및 환경의 영향

① 기상환경에 의한 열화

기상환경에 의한 열화의 대표적인 예는 태양광선 중 자외선의 영향을 강하게 받는 상온 경화실리콘수지(RTV), 폴리비닐부틸알(PVG), 에틸렌비닐아세테이트(EVA), 폴리비닐 플루오라이드(PVF)등 모듈에 많이 사용되고 있는 수지재료를 들 수 있다.

이러한 수지재료들은 태양광선 중의 자외선 및 공기 중의 산소에 의해 산화가 촉진되어 수지 특유의 퇴색현상이 나타난다.

② 선진국의 노화조사분석 결과에 의하면, EVA의 황변현상을 시작으로 Tedlar 필름층의 크랙, 터미널 박스의 부식, 유리와 EVA 사이에 가수분해 등 여러 가지의

문제점이 발견되어 단락전류의 저하현상이 발견되었다고 보고하고 있다.

이와 같이 EVA의 변색은 어느 정도의 자외선 양과 온도 스트레스에 따라 발생된다고 생각하지만, 재료 및 물성의 성분에 의해 영향을 받기도 한다.

③ 사실 최근에 제조되는 태양광 모듈에서는 가속시험을 수행하더라도 EVA 변색현상이 많이 나타나지 않고 있기 때문이다. 하지만, 제조공정 상에서 가교가 제대로 되지 않은 경우에는 가속시험에서 분명 EVA 변색현상을 목격할 수 있을 것이다.

모듈의 수광면 재료로 사용되는 플라스틱의 경우에도 정도의 차이는 있지만 자외선에 의한 모듈의 출력저하를 피할 수는 없다.

따라서 광 투과율이 안정된 유리를 수광면 재료로 사용하는 경우가 대부분이다. 이외의 기상환경요인으로서는 온도상승과 습도를 들 수 있으며, 습도가 모듈에 미치는 영향은 모듈의 노출부분에서 발생되는 부식이다.

④ 이러한 현상은 특히 고온을 수반하는 경우 현저히 발생하며, 대표적인 예로 자연적인 전위차로 인한 부식을 들 수 있다.

태양광 모듈은 태양전지의 전 · 후면 전극을 이용해 수십 직렬로 연결한 후 회로를 구성하고, Low iron glass/EVA sheet/Cells/EVA sheet/Back sheet 형태의 구조를 형성한 후 라미네이터(laminator) 내에서 고온으로 가열하여 완충재(encapsulant, EVA sheet)를 녹인 후 진공상태에서 적층(lamination)하여 태양광 모듈을 제조하게 된다.

이렇게 제조된 태양광 모듈은 여러 가지 제조환경 및 제조조건에 따라서 내구성 및 성능을 좌우할 수 있으며, 무엇보다도 내구성 및 수명을 고려하여 태양광 모듈의 제조가 이루어져야만 전기적 손실을 최소화 할 수 있다.

⑤ 태양광 모듈의 전기적 손실요인은 크게 직렬저항의 증가에 의한 손실과 광 투과층의 투과율 감소에 의한 손실로 나눌 수 있다.

태양광 모듈을 구성하는 태양전지의 직렬저항은 태양전지에 광전류가 흐를 때 이 전류의 흐름을 방해하는 저항값으로서 표면저항(Rsheet : sheet resistance) 및 기판저항(Rbulk, semicon : bulk semiconductor resistance), 전기접촉저항(Rc : contact resistance) 및 전극자체의 고유저항(Rbulk, metal : metal resistance)등을 들 수 있으며, 최대의 효율을 얻기 위해서는 전극접촉저항 및 표면저항을 줄이는 일이 매우 중요하다. 특히 일사강도가 크고 고온인 경우 직렬저항이 미치는 영향은 매우 크다.

태양광 모듈에서 직렬저항을 증가시킬 수 있는 요인으로 태양광 모듈 제조공정에서 과열로 인한 납땜에 의해 태양전지 표면전극 부위의 실리콘 계면파괴로 인하여 직렬저항이 증가하고, 제조공정에서 발견되지 않은 태양전지의 미세한 크랙 등이 시간이 지날수록 성장하여 직렬저항이 증가할 수 있다.

⑥ 또한, 라미네이션 공정의 제조조건 불량으로 외부로부터 수분이 침투하여 리본 전극의 부식으로 직렬저항을 증가시켜 태양광 모듈의 전기적 성능이 감소할 수 있다.

또한, 태양광 모듈에서 EVA sheet는 저철분 강화유리와 태양전지, 태양전지와 후면 sheet 사이에서 태양전지를 외부환경에서 보호하기 위하여 완충재료로서 사용된다.

그러나 EVA sheet는 장기간 자외선에 노출될 경우 과산화물의 광분해에 의해 변색되어 태양전지에 도달하는 태양 빛의 광 투과율을 감소시키게 되며, 광 투과율 감소에 의해 전기적 성능을 감소시키게 된다.

⑦ 태양광 모듈에서 자외선 노출에 의한 EVA sheet의 변색현상은 일반적으로 태양광 모듈 제조공정에서 라미네이션 공정조건의 문제점에 의해 노화가 가속되는 것이 원인이다.

태양광 모듈에 사용되는 모든 구성재료는 모두가 매우 중요한 재료로서 역할을 하게 되지만, 무엇보다도 충진재로 사용되는 EVA는 외부환경의 영향에 가장 민감하다. 그 이유는 전면유리와 후면시트, 프레임을 제외하고는 모듈 구조층 내부에서 EVA와 태양전지가 밀접한 관계를 갖고 있기 때문이다.

EVA는 태양전지를 보호하기 위한 완충재료이기도 하지만, 물리적인 파손을 방지하기 위해 사용되는 전면의 유리, 습기침투를 방지하기 위해 사용되는 후면시트와의 접착력이 매우 좋아야 하며, 가혹한 외부환경 즉, 자외선에 의해 변색이 없어야 하고, 빗물이나 습기를 태양전지 표면에 침투하지 못하도록 막아 주어야 한다.

⑧ 그러나 일반적으로 EVA는 라미네이션 공정에서 가교조건에 따라서 UV 또는 온도변화에 의해 접착력이 저하되고, 가수분해되어 백화현상, 황변현상 등이 발생하게 된다.

따라서 모듈공정에서는 항상 가교시험을 실시하게 되는데, 일반적으로 가교율이 80% 이상이 되어야만 변색현상을 줄일 수 있고, 반대로 가교율이 너무 높을 경우에는 온도차에 의해 내부 태양전지의 크랙현상이 발생되는 것으로 보고되고 있다.

2) 열에 의한 영향

태양전지 모듈은 일조 시에는 온도가 상승하고, 야간, 우천 등 조사되지 않을 때에는 주위온도까지 냉각된다. 기온이 25℃, 일사강도가 100mW/㎠일 경우 모듈온도는 보통 40~70℃ 정도가 된다. 그러나 모듈의 온도는 모듈의 구조, 사용재료에 따라 주위 온도보다 수 10도 높은 경우가 보통이다.

따라서 모듈은 온도상승 · 하강의 열 사이클과 장시간 지속되는 고온으로부터 스트레스를 받게 된다. 특히 최근에는 모듈이 대형화됨에 따라 많은 태양전지를 직렬접속하므로 한 개의 태양전지가 균열 또는 그림자 등에 의해 출력의 불균형이 생길 경우 역전류에 의한 국부적 온도상승(hot spot)을 일으켜 모듈의 열화가 촉진된다.

3) 기계적 충격

모듈에 가해지는 기계적 충격의 대표적인 예는 우박 · 풍압 등에 의한 충격을 들 수 있다.

일반적으로 우박의 중심부는 부드러운 눈으로 되어 있고 겉은 딱딱한 얼음으로 덮여 있으며, 직경 8~13mm의 크기를 가진다.

우박에 의한 충격은 수광면 재료가 적은 재료를 사용한 모듈에서 발생하며, 3mm 두께 이상의 강화유리를 사용했을 경우에 우박에 의한 기계적 충격시험을 제외하는 경향이다.

풍압에 의한 영향은 풍압 때문에 모듈이 휘어져서 태양전지가 깨어질 염려가 있으나 설계 또는 재료의 구조와 강도를 고려하면 큰 문제가 되지는 않는다.

(2) 물리적 영향

1) 모듈의 물리적 견고성

태양광발전시스템의 구성요소라는 관점에서 볼 때 모듈은 여러 개의 태양전지를 하나의 단위로 조립 · 포장한 어레이의 구성단위이며, 태양전지의 관점에서는 태양전지를 다양한 용도에 쓸 수 있도록 해주는 포장단위라고 할 수 있다.

그러므로 모듈의 구조는 다양한 어레이의 구성방식과 용도 및 입지조건으로부터 요구되는 조건을 충족시킬 수 있어야 한다. 태양전지를 모듈단위로 조립 · 포장하는 일차적인 목적은 태양전지는 궁극적으로 외부에서 태양광을 전기로 변화시키는데 사용되므로 외부에서 이러한 변환기능을 할 수 있도록 물리적인 견고성을 주는데 있다고 할 수 있다.

따라서 모듈의 구조에는 예상되는 물리적 부하(바람, 눈, 우박, 지진 등)와 모듈소재(태양전지, 강화유리, 결선재, 피복재 등)의 물리적 강도는 기본적으로 확률적이라는 속성을 가졌다는 사실이 중요하게 고려되어야 한다.

모듈의 물리적 견고성은 결정적으로 전면유리에 의하여 결정되며, 모듈 전면유리의 파손은 유리에 생긴 흠집에 비정상적인 응력이 집중됨으로서 일어난다. 유리의 강도는 판마다 많은 차이가 있고 같은 판 내에서도 위치에 따라 다르기 때문에 모듈의 설계에는 유리의 비선형 응력해석과 경험적인 파손 데이터가 필수로 요구되며 유리의 크기와 두께는 바람이나 강설로 인한 부하는 일정하다고 가정하고 파손 확률을 구하여 결정하는 방법이 널리 쓰인다.

그리고 모듈파손의 주요 요인의 하나인 우박은 직경 2.5cm 정도의 것에 견딜 수 있으면 충분하다고 여겨지고 있으나, 우박은 예측할 수 없는 기상변화에 의해서 발생하기 때문에 우박이 내리는 빈도가 극히 낮은 지역에서도 이와 같은 조건을 적용하더라도 모듈가격에는 거의 영향이 없다고 알려져 있다.

2) 안전성

태양전지 모듈은 모듈 자체뿐 아니라 태양광발전시스템의 구성요소 기기로서 여러 가지 안전과 관련한 요건을 충족시킬 수 있어야 한다. 이와 같은 모듈의 안전요건은 일반적인 전기회로와 부품에 적용되는 것과 같은 맥락이며, 발전소자라는 점을 감안하여 다음과 같이 요약될 수 있다.

① 도전성 외면은 모두 접지가 가능하여야 한다.
② 접지시켰을 때의 누설전류를 접지결함 검출소자의 검출한계 이내이어야 한다.
③ 절연상태는 이론적으로 예측되는 어레이 최고전압보다 높은 전압에서 전기적으로 활성인 모든 회로소자를 보호할 수 있어야 한다.
④ 안전과 관련되는 모든 회로소자의 신뢰도와 수명에 영향을 끼치지 않아야 한다.
⑤ 회로개방 사고 시 내부에서 불꽃방전이 일어나지 않도록 회로에 여유를 두어야 한다. (측로 다이오드 또는 중복결선 등)

3) 신뢰성

태양광발전시스템에서 대개의 경우 어레이 출력전압은 200V 이상이 요구되기 때문에 모듈은 이에 맞추어 일차적으로 직렬로 연결되므로 출력전압이 200V 이상인 태양전지 어레이는 어레이를 구성하는 태양전지의 파손에 대해 대단히 민감하다.

따라서 어레이의 신뢰도를 높이기 위해서는 어레이를 구성하는 부품의 신뢰도가 높아야 하고 회로의 결선이 어느 정도의 결함을 수용할 수 있어야만 하며, 어레이는 모듈을 직 · 병렬로 연결한 것에 지나지 않으므로 모듈 수준에서 신뢰도 문제가 선결되어야만 한다.

실제 태양광발전시스템을 구성하여 모듈을 외부에 설치하였을 때 가장 흔히 발생하는 모듈결함의 원인은 태양전지가 어떤 요인으로 깨지는 것이다.

그러나 태양전지가 저절로 깨지는 비율은 연간 1% 미만이고, 깨진 태양전지의 일부(10% 미만)만이 모듈회로의 개방문제와 출력감소를 가져오는 것으로 알려지고 있다.

따라서 모듈에서 태양전지가 깨지는 요인으로는 태양전지와 이를 둘러싸고 있는 충진재나 적층재 사이의 열팽창률의 차이와 우박 등으로 인한 충격 및 태양전지 제조와 조립공정에서 생긴 손상으로 인한 강도저하 등을 들 수 있다.

이 중에서 열팽창률의 차이나 우박으로 인한 파손은 정성적인 해석이 가능하므로 모듈설계에 이를 반영시켜 줄일 수가 있으나 제조공정에서 생긴 손상으로 인한 것은 정상적인 해석이 매우 어려울 뿐 아니라 통계적인 해석 이외에는 정량화 할 수 있는 방법이 없다.

따라서 제조 공정상의 요인으로 인한 태양전지의 파손을 정량화하기 위해서는 반복적인 모듈의 설계와 온도 · 습도 및 결빙 · 해빙 순화, 기계적 가압, 우박 충격 시험 등의 각종 환경적 품질시험의 방법에 의존할 수밖에 없다.

(3) 내구성 조사분석 및 원인분석

태양광발전시스템(photovoltaic system)을 구성하는 주요 구성재료 중 가장 고가이면서 시스템의 수명을 좌우하는 것은 태양광 모듈(photovoltaic module)이라 할 수 있다. 실제로 외부의 환경에 노출되어 발전하는 태양전지 모듈의 수명은 약 20년 이상으로, 반영구적으로 사용이 가능하며, 한번 설치해 놓으면 유지보수 비용이 전혀 들지 않고, 설치장소에 따라서 소형에서부터 대형까지 시스템의 규모를 결정할 수 있는 장점이 있다.

그러나 일부 태양광 모듈에서는 설치 후 약 5년이 경과 된 후 약 5~25% 가량의 전기적 성능이 감소되는 현상도 발견되었다. 선진국에서도 장기간 설치 · 운영된 시스템의 경우 물리적인 영향에 의해 파손된 것을 제외하고도 전극부분에서의 열화현상 및 완충재 등의 변색 등으로 전기적 성능이 매우 감소되는 것으로 확인되었다.

1) 전극 산화 및 EVA sheet 변색

1998년 국내에서 제조된 53W급 단결정 실리콘 태양전지 모듈로서, 전극부분이 산화되어 노화된 태양광 모듈이다. 설치 전과 설치 후 현재의 I - V 특성곡선 보면, 설치 6년 후 약 16%의 출력저하현상이 나타났다.

이는 앞에서 언급했듯이 태양전지 표면전극이 산화되어 전극 접촉저항의 증가에 의해 태양전지의 직렬저항이 증가하여 결국 태양전지의 출력손실을 가져온 결과라 할 수 있다.

태양전지 표면전극은 전류의 흐름을 원활하게 하기 위하여 일반적으로 실버 페이스트(silver paste)를 사용하여 태양전지를 제조하고 있으며, 태양전지 표면전극위에 SnPbAg paste를 사용하여 태양광 모듈 제조 시 태양전지와 태양전지를 서로 납땜하여 직렬결선하고 있다.

그러나 태양전지 표면전극으로 사용된 silver paste나 SnPbAg paste는 습기에 노출되게 되면 부식이 잘 되어 태양전지의 전극과 도체리본 또는 도체리본과 도체리본의 접촉부분에서 내부의 열화에 의해 SnPbAg paste의 균열 및 계속적인 스트레스에 의한 파괴로 인하여 접촉저항이 증가하게 되며, 시간이 지날수록 심화되어 태양광 모듈로서의 기능을 할 수 없게 된다.

또한, 태양전지 모듈에 완충재로 사용되는 EVA sheet는 자외선에 노출되면 노화현상으로 변색이 시작된다. 이 때, 초기에는 백화현상을 나타내며 시간이 지날수록 심화되어 노랗게 황변현상이 일어나게 된다.

변색된 태양전지 모듈의 I-V Curve는 일사량의 변화에 따른 태양전지의 I-V 특성과 일치하는 것으로서, 자외선에 의한 EVA sheet의 변색이 태양전지 표면에 도달하는 태양빛의 투과율을 방해함으로서, 설치 전 초기의 42W의 발전출력보다 약 20% 저하된 33.5W의 출력을 나타내었다.

2) 태양광 모듈 노화사례 조사

선진국에서 태양광 모듈의 노화분석 연구를 통해 얻어진 결과를 보여주고 있다. 연구대상 시료에서 부식현상의 발생비율이 45.3%를 차지하고 있으며, 셀 또는 연결부위의 파손 또는 단선 등의 문제가 40.7%로 이 2개의 항목에서 86%를 차지하고 있었다.

이러한 결과는 외부의 물리적 요인보다는 태양광 모듈 제조공정에서의 문제점에 의해 노화가 가속된 것으로 판단되고 있다.

또한 출력선, 단자박스, 전선, 다이오드, 터미널 단자 등의 과열분해 등은 사용 재료의 선정에 따른 문제점으로 분석되었다.

(4) 태양광 모듈 손실특성

1) 제조공정에서의 손실유형

① 불균일 셀의 사용

일반적인 태양전지 모듈은 태양전지 셀을 직렬로 수십 장 연결하여 사용하게 되는데 이때, 사용된 수십 장의 셀 중에서 다른 셀에 비하여 출력이 작게 나오거나 하는 셀이 포함되게 된다면 이러한 모듈의 출력은 출력이 작게 나오는 셀의 영향을 크게 받아 전체적으로 큰 출력 감소가 발생하게 되므로 중요하게 고려되어야 한다. 또한 이런 불균일 셀의 사용은 모듈의 노화를 가속시켜서 모듈의 수명을 감소시키기도 한다.

② Tabbing & String 공정에서 셀의 미세균열

Tabbing & String 공정이 진행되는 과정은 열과 물리적인 힘이 필요한 공정이다. 이러한 원인으로 공정이 진행되면서 셀에 미세하게 균열이 발생할 수 있는데 이러한 균열은 불균일한 셀의 사용과 같은 효과를 모듈에 나타내게 되므로 주의해야 한다.

그리고 셀의 두께가 점점 얇아지는 현 시장상황으로 볼 때 앞으로 더욱 더 큰 관심의 대상이 되리라 예측되고 있다.

③ 라미네이션 과정에서 셀의 미세균열

라미네이션 과정에서도 Tabbing & String 공정에서와 마찬가지로 셀에 균열이 발생할 수 있는데 이 또한 출력을 저하시키는 주요한 원인으로 작용하게 된다.

④ 라미네이션 후 모듈 Back Sheet의 분리

일반적으로 라미네이션이 진행되고 Curing 공정이 진행되면 모듈은 층별로 더욱 견고하게 부착되는데 모듈의 후면을 감싸고 있는 Back Sheet가 부분적으로 분리되는 경우가 발생하기도 한다. 이러한 경우는 라미네이션 및 큐어링 공정에서의 문제점으로 접착력 부족현상으로 발생되며, 실제 모듈을 외부에 설치하는 과정에서 Back Sheet의 손상이 비교적 쉽게 발생할 수 있고, 이로 인한 습기침투 등이 모듈의 노화를 가속시키는 경우가 보고되고 있다.

⑤ 라미네이션 후 기포발생

라미네이션 과정에서 발생한 미세한 기포들은 햇빛이 셀에 도달하는 양을 감소시키므로 아주 적은 양이기는 하지만 모듈의 출력을 감소시키는 원인으로 작용할 수 있다.

⑥ 모듈 설치과정에서 Back Sheet의 손상

태양광발전시스템을 설치하는 과정에서 어렵지 않게 관측되는 내용으로 작업인부의 실수로 태양전지 모듈의 후면에 흠집이 발생하여 이로 인한 모듈과 시스템의 출력이 감소하는 현상을 관찰할 수 있다.

⑦ Curing 불량에 의한 모듈 de-Lamination

Curing 시간의 부족이나 EVA의 불량으로 인해 외부에 설치된 모듈의 층이 분리되는 현상을 관찰할 수 있었는데, 이러한 현상은 모듈의 전극 부식을 가속화시키고 햇빛의 투과량을 현저하게 감소시켜 큰 출력감소를 야기시킬 수 있다.

2) IEC-529에 의한 외함 보호등급

표시방법 : IP 라는 문자 다음에 표시한 첫번째 숫자는 충전부 가동에 대한 외부접촉에 대한 보호등급을 표시, 그 다음에 표시한 두번째 숫자는 물에 대한 보호등급을 표시

제1특성숫자	보호등급	
	개 요	정 의
0	무보호	무보호
1	50mm 초과 고체에 대한 보호	직경 50mm를 초과하는 고체에 대한 보호
2	12mm 초과 고체에 대한 보호	직경 12mm를 초과하는 고체에 대한 보호
3	2.5mm 초과 고체에 대한 보호	직경 2.5mm를 초과하는 고체에 대한 보호
4	1.0mm 초과 고체에 대한 보호	직경 1.0mm를 초과하는 고체에 대한 보호
5	방진	먼지의 침입을 기기의 운전에 만족할 수 있도록 방지할 것
6	내진	먼지의 침입을 방지할 것

제2특성숫자	보호등급	
	개 요	정 의
0	무보호	무보호
1	물방울에 대한 보호	직경 50mm를 초과하는 고체에 대한 보호
2	15도 각도에서 떨어지는 물방울에 대한 보호	직경 12mm를 초과하는 고체에 대한 보호
3	물분사에 대한 보호	직경 2.5mm를 초과하는 고체에 대한 보호
4	물분사에 대한 보호	직경 직경 1.0mm를 초과하는 고체에 대한 보호
5	물분사에 대한 보호	먼지의 침입을 기기의 운전에 만족할 수 있도록 방지할 것
6	넘치는 바닷물에 대한 보호	먼지의 침입을 방지할 것
7	침수영향에 대한 보호	외함이 침수되었을 때 규성된 수압과 시간 등의 조건 하에서 영향을 줄만한 물의 침입이 불가능 해야 함
8	수중에 대한 보호	장비는 제작자가 제시한 조건 하에서 수중에서 연속사용에 적합해야 함

2. KS 기준규격

(1) 결정계 태양전지 셀 분광감도 특성 측정방법(KS C 8525)

1) **표준번호** : KS C 8525:2005

2) **적용범위** : 이 규격은 평면 · 비집광형의 전력 발전을 목적으로 하는 지상용 결정계 태양전지 셀의 상대 분광감도 특성을 측정하는 방법에 대하여 규정한다.

(2) 결정계 태양전지 모듈 출력 측정방법(KS C 8526)

1) **표준번호** : KS C 8526:2005

2) **적용범위** : 이 규격은 KS C 8527에 규정하는 결정계 태양전지 셀 · 모듈 측정용 솔라 시뮬레이터 및 KS C 8537에 규정하는 2차 기준 결정계 태양전지 셀을 사용하여 평면 · 비집광형의 전력발전을 목적으로 하는 지상용 결정계 태양전지 모듈의 출력특성을 측정하는 방법에 대하여 규정한다.

(3) 결정계 태양전지 셀·모듈 측정용 솔라 시뮬레이터(KS C 8527)

1) **표준번호** : KS C 8527:2005

2) **적용범위** : 이 규격은 평면 · 비집광형의 전력발전을 목적으로 한 지상용 결정계 태양전지 셀 및 지상용 결정계 태양전지 모듈의 옥내 측정에 사용하는 결정계 태양전지 셀 · 모듈 측정용 솔라 시뮬레이터(이하 솔라 시뮬레이터라 한다.)에 대하여 규정한다.

(4) 결정계 태양전지 셀 출력 측정방법(KS C 8528)

1) **표준번호** : KS C 8528:2005

2) **적용범위** : 이 규격은 KS C 8527에 규정하는 결정계 태양전지 셀 · 모듈 측정용 솔라 시뮬레이터 및 KS C 8537에 규정하는 2차 기준 결정계 태양전지 셀을 사용하여 평면 · 비집광형의 전력 발전을 목적으로 하는 지상용 결정계 태양전지 셀의 출력특성을 측정하는 방법에 대하여 규정한다.

(5) 결정계 태양전지 셀·모듈의 출력전압·출력전류의 온도계수 측정방법 (KS C 8529)

1) **표준번호** : KS C 8529:1995

2) **적용범위** : 이 규격은 KS C 0000(결정계 태양전지 셀, 모듈 측정용 솔라 시뮬레이터)에 규정하는 솔라 시뮬레이터를 사용하여 평면 · 비집광형의 전력발전을 목적으로 하는

지상용 결정계 태양전지 셀 및 태양전지 모듈의 출력전압 · 출력전류의 온도계수를 측정 및 산출하는 방법에 대하여 규정한다.

(6) 태양광 발전용 납축전지의 잔존용량 측정방법(KS C 8532)

1) **표준번호** : KS C 8532:1995

2) **적용범위** : 이 규격은 태양광발전시스템에서 전기 에너지 저장용으로 설치되는 고정 납축전지의 시스템 운용상태에서의 잔존용량 측정방법에 대하여 규정한다.

(7) 태양광 발전용 파워 컨디셔너의 효율 측정방법(KS C 8533)

1) **표준번호** : KS C 8533:2002

2) **적용범위** : 이 규격은 일정 교류출력 전압, 일정 출력 주파수의 태양광 발전용 파워 컨디셔너의 효율 측정방법에 대하여 규정한다.

(8) 태양전지 어레이 출력의 온사이트 측정 방법(KS C 8534)

1) **표준번호** : KS C 8534:2002

2) **적용범위** : 이 규격은 동종 모듈로 구성된 태양전지 어레이의 온사이트에서 전류-전압 특성(I-V특성)의 측정방법에 대하여 규정한다.

(9) 태양광발전시스템 운전특성의 측정방법(KS C 8535)

1) **표준번호** : KS C 8535:2005

2) **적용범위** : 이 규격은 지상용 태양전지 모듈로 구성된 독립형 및 연계형 비집광식 태양광발전시스템의 성능표시에 사용하는 입사 태양 에너지에 의한 태양전지 어레이 출력 전력량, 파워컨디셔너 출력 전력량 등의 에너지에 관한 운전특성의 측정방법에 대하여 규정한다.

(10) 독립형 태양광발전시스템 통칙(KS C 8536)

1) **표준번호** : KS C 8536:2005

2) **적용범위** : 이 규격은 독립형 태양광발전시스템에 대하여 규정한다.

(11) 2차 기준 결정계 태양전지 셀(KS C 8537)

1) **표준번호** : KS C 8537:2005

2) **적용범위** : 이 규격은 평면 · 비집광형인 지상용 결정계 태양전지 셀(이하 태양전지

셀이라 한다.)의 출력측정에 사용하는 2차 기준 결정계 태양전지 셀의 구조 및 1차 기준 결정계 태양전지 셀을 사용하여 KS C 8527에 규정하는 결정계 태양전지 셀, 모듈 측정용 솔라 시뮬레이터를 사용하여 2차 기준 결정계 태양전지 셀을 교정하는 방법에 대하여 규정한다.

⑿ 어모퍼스 태양전지 셀 출력 측정방법(KS C 8538)

1) **표준번호** : KS C 8538:2000
2) **적용범위** : 이 규격은 KS C 8531에서 규정하는 2차 기준 어모퍼스 태양전지 셀을 사용하여 KS C 8527에서 규정하는 어모퍼스 태양전지 측정용 솔라 시뮬레이터에서 평면 · 배집광형의 전력발전을 목적으로 하는 적층형을 제외한 지상용 어모퍼스 태양전지 셀의 출력특성을 측정하는 방법에 대하여 규정한다.

⒀ 태양광 발전용 장시간율 납축전지의 시험방법(KS C 8539)

1) **표준번호** : KS C 8539:2005
2) **적용범위** : 이 규격은 태양광발전시스템에 사용하는 납축전지 중 정격용량의 규정이 10시간율 이상의 밴드형 및 밀폐형 납축전지를 대상으로 한다.

⒁ 소출력 태양광 발전용 파워 조절기의 시험방법(KS C 8540)

1) **표준번호** : KS C 8540:2005
2) **적용범위** : 이 규격은 다음의 항목에 해당하는 태양광발전시스템용 파워조절기 중 일정 교류 출력전압, 일정 출력 주파수의 독립형 파워조절기, 직류 정전압 출력의 파워조절기 및 계통연계형 파워조절기의 시험방법에 대해 규정한다. 또한 축전 장치는 파워조절기의 입력측에 접촉된 것만을 대상으로 한다.

3. IEC 기준 규격

(1) 건축 전기 설비 – 제7–712부 : 특수 설비 또는 특수 장소에 대한 요구 사항 – 태양전지(PV) 전원 시스템(KS C IEC 60364 – 7 – 712)

1) **표준번호** : KS C IEC 60364 - 7 - 712:2005
2) **적용범위**

① 이 규격의 개별 요구사항은 AC 모듈이 있는 시스템을 포함한 PV 전원시스템의 전기설비에 적용한다.

② 전기설비기술기준의 판단기준 제279조에서는 IEC 60364 규격의 적용에 대해 다음과 같이 명시하고 있다.

㉮ 수용장소에 시설하는 저압 전기설비 적용 규격 및 전기사업자의 전기설비와 직접 접속 시 전기사업자의 접지방식과 협조 규정

㉯ 동일한 전기사용 장소에서 저압 전기설비 시설 시 제3조~제278조까지의 규정 혼용금지

3) 국제표준부합화

대응국제표준	부합화 수준
IEC 60364 - 7 - 712:2002	일치

(2) 태양전지 소자 – 제1부 : 태양전지 전류 - 전압 특성 측정 (KS C IEC 60904 – 1)

1) 표준번호 : KS C IEC 60904 - 1:2009

2) 적용범위

① 이 표준은 자연 또는 인공 태양광에서 결정계 실리콘 태양전지 소자의 전류 - 전압 특성의 측정절차에 대하여 기술한다. 이러한 절차들은 단일 태양전지, 태양전지의 하부 조립 부품 또는 태양광 모듈에 적용한다.

② KS C IEC 60904 - 3의 AM 1.5 기준 스펙트럼 조건에서, 만약 각 단위 접합(sub-junction)에서 발전되는 전류의 크기가 같다면 다중 접합 태양광발전 전지시료에도 이 표준을 적용할 수 있다.

③ 만약, 직달광이 조사되고 기준 직달광에 대한 스펙트럼 부정합 오차의 보정이 이루어진다면, 집광한 빛이 조사되도록 설계한 태양광발전 소자에도 이 표준을 적용할 수 있다.

※ 태양광발전 소자는 태양광발전 전지나 모듈 또는 어레이를 의미한다.

3) 국제표준부합화

대응국제표준	부합화 수준
IEC 60904 - 1:2006	일치

(3) 태양전지 소자 – 제2부 : 기준 태양전지 소자의 요구사항 (KS C IEC 60904 – 2)

1) 표준번호 : KS C IEC 60904 - 2:2010

2) 적용범위

① 이 표준은 기준 태양전지 소자의 분류, 선정, 포장, 마크, 교정 및 주의에 대한 요구사항을 규정한다.

② 이 표준은 자연 및 모의 태양광 하에서 태양전지, 모듈 및 어레이의 전기적 특성 측정에 이용되는 기준 소자에 적용된다. 집광형 기준 태양전지는 제외한다.

3) 국제표준부합화

대응국제표준	부합화 수준
IEC 60904 - 3:2007	일치

(4) **태양전지 소자 – 제3부** : 기준 스펙트럼 조사강도 데이터를 이용한 지상용 태양전지(PV) 소자의 측정원리 (KS C IEC 60904 – 3)

1) **표준번호** : KS C IEC 60904 - 3:2010

2) **적용범위** : 이 표준은 다음과 같은 지상 응용 목적의 태양전지 소자에 적용된다.

① 보호 덮개가 있거나 없는 태양전지

② 태양전지의 하부 조직

③ 모듈

④ 시스템

3) 국제표준부합화

대응국제표준	부합화 수준
IEC 60904 - 3:2008	일치

(5) **태양광발전 소자 – 제4부** : 기준 태양광 소자 - 교정 소급성의 확립과정 (KS C IEC 60904 – 4)

1) **표준번호** : KS C IEC 60904 - 4:2012

2) 적용범위

① 이 표준은 태양광발전 기준 태양광 소자가 KS C IEC 60904 - 2에서 요구하는 SI 단위계에 대한 소급성을 확립할 수 있도록 하는 교정 절차의 필요조건에 대하여 다룬다.

② 이 표준은 태양광발전(photovoltaic ; PV) 소자의 성능을 정량화할 목적으로 자연 태양광 혹은 모사 태양광의 조사강도를 측정할 때 사용하는 PV 기준 태양광 소

자에 적용되는 것이며, PV 기준 태양광 소자는 KS C IEC 60904-1과 KS C IEC 60904-3 적용 시 사용이 요구된다.

③ 이 표준은 단일 접합, 특히 결정질 실리콘 PV 기준 태양광 소자를 염두로 작성되었으나, 표준의 주요 부분은 다른 기술들에도 적용이 가능한 충분히 일반적인 내용이다. 단, 부속서 A에 설명된 방법들은 단일접합기술에만 국한된다.

3) 국제표준부합화

대응국제표준	부합화 수준
IEC 60904-4:2009	일치

(6) **태양전지 소자-제5부** : 개방전압 방법을 이용한 태양전지(PV) 소자의 등가 전지 온도(ECT) 결정 (KS C IEC 60904-5)

1) **표준번호** : KS C IEC 60904-5:2005

2) **적용범위**

① 이 규격은 결정계 실리콘 소자에만 적용한다.

② 열 특성을 비교하기 위해 태양전지 소자(전지, 모듈 및 모듈 유형의 배열)의 등가 전지 온도(ECT)를 우선 결정하고, NOCT(공칭 작동 전지 온도)를 결정한 후 측정된 I-V 특성을 다른 온도로 바꾸는 방법에 대해 기술한다.

3) 국제표준부합화

대응국제표준	부합화 수준
IEC 60904-5:1993	일치

(7) **태양광 발전 소자-제6부** : 기준 태양광 모듈의 필요 조건 (KS C IEC 60904-6)

1) **표준번호** : KS C IEC 60904-6:2002

2) **적용범위**

① 이 규격은 전기 전자 분야의 선별, 포장, 교정, 명판 표시 및 기준 태양광 모듈의 관리를 위한 필요사항에 대해 규정한다.

② 이 규격은 IEC 60904-2의 보충설명을 위한 규격이다.

3) 국제표준부합화

대응국제표준	부합화 수준
IEC 60904-6	일치

(8) 태양전지 소자 – 제7부 : 태양전지 소자의 시험에서 발생된 스펙트럼 불일치 오차 계산 (KS C IEC 60904 – 7)

1) **표준번호** : KS C IEC 60904 - 7:2010

2) **적용범위**

① 이 표준은 시험 스펙트럼과 기준 스펙트럼 간의 불일치와, 기준 셀의 스펙트럼 응답(SR)과 시험편의 SR 간의 미스매치에 의해 야기된 태양전지 소자의 시험에서 발생된 바이어스 오차를 보정하기 위한 절차를 기술한다. 이 절차는 KS C IEC 60904 - 10에 정의된 바와 같이 SR의 선형적인 태양전지 소자에만 적용된다. 이 절차는 단일접합 소자에 유효하지만, 해당 원리는 다접합 소자에도 확대 적용될 수 있다.

② 이 표준의 목적은 시험 스펙트럼과 기준 스펙트럼 간에 그리고 기준 소자 SR과 시험편 SR 간에 불일치가 있는 경우, 측정 편차의 보정지침을 제공하는 데 있다.

3) **국제표준부합화**

대응국제표준	부합화 수준
IEC 60904 - 7:2008	일치

(9) 태양전지 소자 – 제8부 : 태양전지(PV) 소자의 스펙트럼 응답 측정 (KS C IEC 60904 – 8)

1) **표준번호** : KS C IEC 60904 - 8:2005

2) **적용범위** : 이 규격은 선형 및 비선형 태양전지 소자의 상대분광감도 측정을 위한 지침서를 제공한다. 이것은 단일접합 소자에만 적용한다.

3) **국제표준부합화**

대응국제표준	부합화 수준
IEC 60904 - 8:1998	일치

(10) 태양전지 소자 – 제9부 : 솔라 시뮬레이터의 성능 요구사항 (KS C IEC 60904 – 9)

1) **표준번호** : KS C IEC 60904 - 9:2010

2) **적용범위**

① 이 표준에서는 특정시험에 적합한 것으로 간주되는 특정등급의 솔라 시뮬레이터의 사용을 권장한다. 솔라 시뮬레이터는 PV 소자의 성능측정이나 내구성 조사 강도시험을 위해 사용될 수 있다.

② 이 표준에서는 시뮬레이터 등급결정을 위한 정의와 방안을 제공한다. PV 성능 측정의 경우, 솔라 시뮬레이터를 사용하더라도 스펙트럼 불일치 보정을 실시하고 측정에 대한 일시적 안정성과 시험면의 조사강도의 균일성의 영향을 분석함으로서 측정에 관한 시뮬레이터의 영향을 수량화 할 필요가 있다.

③ 시뮬레이터로 시험을 거친 소자에 대한 시험 성적서에는 측정에 사용된 시뮬레이터의 등급과 해당 결과에 대한 시뮬레이터의 영향을 수량화하기 위해 사용된 방법을 기재한다.

3) 국제표준부합화

대응국제표준	부합화 수준
IEC 60904 - 9:2007	일치

(11) **태양광발전 소자 – 제10부** : 선형성 측정방법 (KS C IEC 60904 – 10)

1) **표준번호** : KS C IEC 60904 - 10:2012

2) **적용범위**

① 이 표준은 시험 매개변수에 대해 태양광발전 소자 매개변수의 선형도를 결정하는데 사용되는 절차들을 설명하고 있다. 그것은 원래 교정 연구소들, 태양광발전모듈 제조업체들과 시스템 설계자들의 사용을 위해 고안된 것이다.

② 태양광발전(PV) 모듈 및 시스템 성능평가들과 한 세트의 온도, 조사강도 조건들에서 다른 세트의 조건들로의 성능해석들은 흔히 선형 방정식들의 사용에 의존하고 있다(KS C IEC 60891과 KS C IEC 61829를 참조).

③ 이러한 표준은 이들 선형 방정식들이 만족스러운 결과들을 줄 것을 보장하기 위해 선형성 요건들과 시험방법들을 설정하고 있다. 간접적으로, 이러한 요건들은 방정식들이 사용될 수 있는 온도와 조사강도 변수들의 범위를 지시하고 있다.

④ 이 표준에서 설명되는 측정방법들은 모든 태양광발전(PV) 소자들에게 적용되고, 샘플 또는 동일기술의 비교대상 소자에서 수행되도록 고안되었다. 그 측정방법들은 선형 소자를 요구하는 모든 측정 및 보정절차들 이전에 수행되어야 한다.

⑤ 이 표준에서 사용되는 방법론은 최소 자승법 계산순서를 사용하여 선형(직선) 함수가 어떤 데이터 점들의 집합에 적합하게 되는 KS C IEC 60891에 명시된 방법과 유사하다. 이 함수를 통해 데이터의 변화량 역시 계산되고, 선형성의 정의는 허용변동비율로서 설명된다. 소자가 7.3의 요건들을 만족시킬 때 선형으로

간주된다. 이들과 그 밖의 다른 성능 매개변수에 대한 선형도를 결정하는 일반 절차들은 별도로 설명된다.

3) 국제표준부합화

대응국제표준	부합화 수준
IEC 60904 - 10:2009	일치

⑿ 태양광발전시스템의 과전압 방지책(KS C IEC 61173)

1) **표준번호** : KS C IEC 61173:2002

2) **적용범위**

① 이 규격은 독립형과 계통연계형 태양광발전시스템의 과전압 방지책의 지침을 수록하고 있다.

② 이 지침은 접지, 차폐, 충격 차단 및 보호소자와 같은 보호형태를 특징짓기 위하여 과전압 위험 요인(번개 포함)을 확인하기 위한 것이다.

3) 국제표준부합화

대응국제표준	부합화 수준
IEC 61173:1992	일치

⒀ 독립형 태양광발전시스템의 특성변수(KS C IEC 61194)

1) **표준번호** : KS C IEC 61194:2002

2) **적용범위**

① 이 규격은 독립형 태양광발전시스템의 성능분석과 전기적, 기계적 특성과 환경인자 등의 기술적인 부분에 대해서 규정하고 있다.

② 목록에 열거된 매개변수는 획득과 성능분석을 위한 표준 형식을 나타내었다.

㉮ 현장에서 태양광발전시스템의 단기간 및 장기간 성능측정

㉯ 표준시험조건에서 외삽법을 현장에서 측정되고 산출된 성능의 비교

③ 특별한 적용과 이용(설계, 성능 예측 및 측정) 관련 특성화 문건은 필요시 쟁점화할 수 있다.

3) 국제표준부합화

대응국제표준	부합화 수준
IEC 61194	일치

⑭ 지상 설치용 결정계 실리콘 태양전지(PV) 모듈–설계 적격성 확인 및 형식 승인 요구사항(KS C IEC 61215)

1) **표준번호** : KS C IEC 61215:2006

2) **적용범위**

① 이 규격은 IEC 60721-2-1에 정의되어 있는 일반 옥외 기후에서의 장기운전에 적합한 지상 설치용 태양전지 모듈의 설계 적격성 확인 및 형식승인을 위한 IEC 요구사항을 규정한다.

② 이 규격은 결정계 실리콘 모듈에만 적용한다. 박막 모듈에 대한 규격은 KS C IEC 61646(지상용 박막 태양광 모듈의 설계 요건과 형태 인증)으로 출간되었다.

3) **국제표준부합화**

대응국제표준	부합화 수준
IEC 61215:2005	일치

⑮ 지상용 태양광발전시스템–일반사항 및 지침(KS C IEC 61277)

1) **표준번호** : KS C IEC 61277:2002

2) **적용범위**

① 이 규격은 지상용 태양광발전시스템의 개요와 각 시스템의 기능요소를 수록하고 있다.

② 이 규격에서 설명된 시스템의 기능요소는 향후 IEC PV 시스템 표준의 서문으로 역할을 할 것이다.

③ 이 규격서에 포함된 것은 주요 서브 시스템의 개요, 주요구성요소와 인터페이스의 기능설명, 설계도로부터 파생될 수 있는 구성 유형이다.

3) **국제표준부합화**

대응국제표준	부합화 수준
IEC 61277	일치

⑯ 태양광 모듈의 자외선 시험(KS C IEC 61345)

1) **표준번호** : KS C IEC 61345:2002

2) **적용범위**

① 이 규격은 자외선에 노출되었을 경우 모듈의 저항력을 결정하기 위한 시험에 대해 정의하였다.

② 이 시험은 폴리머나 보호코팅과 같은 물질의 UV 저항력을 평가하는데 유용하다.
③ 이 시험의 목적은 파장 280~400nm 자외선 영역에서 노출 시 모듈의 성능을 결정하기 위한 것이다.
④ 이 시험을 실행하기 전, 빛에 대해 완전한 노출정도와 시험시 요구되는 여러 선행조건은 IEC 61215 또는 IEC 61646에 따라 수행되어야 한다.

3) 국제표준부합화

대응국제표준	부합화 수준
IEC 61345:1998	일치

⒄ 태양광발전에너지시스템(PVES)에 사용하는 이차 단전지 및 전지-일반 요구사항 및 시험방법(KS C IEC 61427)

1) **표준번호** : KS C IEC 61427:2007

2) **적용범위**

① 이 규격은 태양광발전에너지시스템(PVES)에 사용되는 이차전지의 요구사항과 전지성능의 인증에 사용되는 전형적인 시험방법 및 관련된 일반적인 정보를 제공한다.
② 이 규격은 전지의 배열방법, 충전방법 또는 PVES 설계와 관련된 규격정보는 포함하지 않는다.

3) 국제표준부합화

대응국제표준	부합화 수준
IEC 61427:2005	일치

⒅ 지상용 박막 태양광 모듈의 설계요건과 형식인증(KS C IEC 61646)

1) **표준번호** : KS C IEC 61646:2010

2) **적용범위**

① 이 표준은 IEC 60721-2-1에 정의되어 있는, 일반 옥외 기후에서의 장기운전에 적합한 지상용 박막 태양광 모듈의 설계요건과 형식인증에 관한 필요조건을 규정한다.
② 이 표준은 KS C IEC 61215에서 규정하지 않는 모든 지상용 평판형 모듈재료에 적용한다.

③ 이 시험 절차는 지상용 결정질 실리콘 태양전지 모듈의 설계요건과 형식인증에 대해 규정한 KS C IEC 61215를 따른다. 그러나 더 이상 시험 전후의 +/- 기준에 대한 충족여부에 따르지 않고, 모든 시험이 완료되고 모듈의 광조사가 이루어진 후 정격최소출력의 규정된 값을 충족하도록 해야 한다.

④ 이 표준은 시험 중 발생되는 오차를 정확히 측정하기 위해 요구되는 특별한 전처리 기술에 대해서는 고려하지 않는다.

3) 국제표준부합화

대응국제표준	부합화 수준
IEC 61646:2008	일치

⒆ 태양광발전시스템-파워 조절기-효율측정 절차(KS C IEC 61683)

1) **표준번호** : KS C IEC 61683:2005

2) **적용범위**

① 이 규격은 독립형 및 계통연계형 태양광발전시스템에서 파워 조절기의 출력이 일정한 주파수의 안정적인 AC전압 또는 DC전압인 경우에 사용되는 파워 조절기의 효율을 측정하기 위한 지침을 기술한다.

② 공장에서 입력 및 출력 전력의 직접측정으로부터 효율을 계산한다.

③ 적용 가능한 경우 독립적인 변환기가 포함된다.

3) 국제표준부합화

대응국제표준	부합화 수준
IEC 61683:1999	일치

⒇ 태양전지(PV) 모듈의 염수분무시험(KS C IEC 61701)

1) **표준번호** : KS C IEC 61701:2005

2) **적용범위**

① 이 시험의 목적은 모듈의 염수분무로부터의 부식에 대한 저항을 결정하기 위함이다.

② 이 시험은 재료의 호환성 및 보호코팅의 양질과 일치성을 평가하는 데 유용하다.

3) 국제표준부합화

대응국제표준	부합화 수준
IEC 61701:1995	일치

(21) 직결형 태양광발전(PV) 펌핑시스템 평가(KS C IEC 61702)

1) **표준번호** : KS C IEC 61702:2005

2) **적용범위** : 이 규격은 직결형 태양광 발전(PV)펌프시스템의 단기 특성들(순간적 또는 일일 기간)에 대하여 규정한다. 여기에는 현장에서 얻을 수 있는 최저 실제 수행값을 정의한다. 배터리가 있는 PV펌프시스템은 다루지 않는다.

3) 국제표준부합화

대응국제표준	부합화 수준
IEC 61702:1995	일치

(22) 태양광발전시스템 성능 모니터링-데이터 교환 및 분석을 위한 측정지침(KS C IEC 61724)

1) **표준번호** : KS C IEC 61724:2012

2) 적용범위

① 이 표준은 경사면 일사강도, 어레이 출력, 전력 저장장치 입력 및 출력, 전력 조절기 입력 및 출력과 같은 태양광발전시스템의 에너지 관련 특성을 모니터링하기 위한 절차와 모니터한 데이터의 교환 및 분석을 위한 절차를 나타낸다. 이러한 절차의 목적은 독립형이거나 계통연결형, 또는 엔진 발전기와 풍력터빈과 같은 비태양광발전 전력원으로 혼성구성된 태양광발전시스템의 전체성능을 평가하는 것이다.

② 이 표준은 측정장치의 비용이 상대적으로 높으므로 소규모 독립형시스템에는 적용되지 않을 수 있다.

3) 국제표준부합화

대응국제표준	부합화 수준
IEC 61724:1998	일치

㉓ 태양광발전시스템-교류계통 연결특성(KS C IEC 61727)

1) **표준번호** : KS C IEC 61727:2005

2) **적용범위** : 이 규격은 태양광발전시스템과 계통 간의 연결 시 요구사항 및 기술적 권고사항에 대해 기술한다.

3) **국제표준부합화**

대응국제표준	부합화 수준
IEC 61727:1995	일치

㉔ 태양광발전(PV) 모듈 안전조건-제1부 : 구성요건 (KS C IEC 61730-1)

1) **표준번호** : KS C IEC 61730-1:2008

2) **적용범위**

① 이 표준에는 태양광발전(photovoltaic ; PV) 모듈의 예상수명 동안 전기적 및 기계적인 작동이 안전하도록 하기 위하여 구성에 필요한 기본적인 조건을 기술하였다. 기계적 응력 또는 환경적인 응력에 의한 전기충격, 화재위험 및 부상방지를 위한 평가를 위하여 특별한 내용도 포함되어 있다.

② 이 표준은 모듈의 구성에 대하여 특별히 필요한 조건과 관계가 있다. 제2부인 KS C IEC 61730-2에는 시험요건의 개요가 기술되어 있다.

③ 이 표준은 다양한 용도에 사용하는 태양광발전(PV) 모듈에 필요한 기본적 조건을 정의하고자 하나, 모든 국가나 지역의 건축규약(codes)을 포함한다고 할 수는 없다. 해양 응용 및 자동차 응용 등에 필요한 특정한 요건은 다루지 않는다.

④ 이 표준은 교류 변환기가 내장되어 있는 모듈(교류 모듈)에는 적용할 수 없다.

⑤ 이 표준은 시험과정이 KS C IEC 61215 또는 KS C IEC 61646에 어울리게 짜여 있으므로, 한 벌의 시료를 태양광발전 모듈 설계의 안전성 평가와 성능평가 두 가지 시험에 사용할 수 있다.

⑥ 이 표준의 목적은 KS C IEC 61730-2에 준한 시험을 통해 안전성 인증을 받고자 하는 태양광발전 모듈의 기본구성을 증명하기 위한 기본 안내 지침을 제공하는 데 있다. 이러한 요건은 화재, 전기적 충격 및 인적 부상을 초래할 수 있는 모듈의 오적용과 오용 또는 내부 부품의 파손을 최소화하기 위한 것이다.

⑦ 이 표준은 모듈의 기본 안전 구성 요건과 모듈의 최종 응용 기능인 부가적 검사를 정의한다.

⑧ 부품에 필요한 조건은 해당 부품의 응용이 모듈의 구성과 사용환경에 적합하다는 성능상의 증거를 제공하기 위한 것이다.

⑨ 이 표준에 기술된 요건 외에, 관련된 ISO 표준이나 모듈을 설치하거나 사용하고자 하는 지역의 국가 또는 지방의 규약에 개요가 설명되어 있는 추가적 구성 요건을 함께 고려해야 한다.

3) 국제표준부합화

대응국제표준	부합화 수준
IEC 61730-1:2004	일치

㉕ 태양광발전(PV) 모듈 안전조건 – 제2부 : 시험요건 (KS C IEC 61730-2)

1) 표준번호 : KS C IEC 61730-2:2008

2) 적용범위

① 이 표준은 태양광발전(photovoltaic ; PV) 모듈의 예상수명 동안 전기작동 및 기계적 작동이 안전하도록 하기 위하여 PV 모듈의 시험 요건을 기술한 것이다. 기계적 응력 또는 환경적 응력에 의한 전기충격, 화재위험 및 인적 부상 방지를 위한 평가를 위하여 특별한 내용도 있다.

② 이 표준은 구성에 대한 특별히 필요한 조건과 관계가 있으며, 시험요건의 개요이다.

③ 이 표준에서는 다양한 부류에 응용하는 PV 모듈에 필요한 기본적 조건을 정의하고자 하나 모든 국가나 지역의 건축규약(codes)을 포함하지는 않는다. 해양 응용 및 자동차 응용 등에 필요한 특별한 요건은 다루지 않으며, 교류 변환기가 집적되어 있는 모듈(교류 모듈)에는 적용할 수 없다.

④ 이 표준에서는 시험 과정이 KS C IEC 61215 또는 KS C IEC 61646과 일치할 수 있도록 하여 한 가지 시료로 태양광발전 모듈 설계의 안전성 시험과 성능시험을 할 수 있도록 하고 있다.

⑤ 시험과정은 KS C IEC 61215 또는 KS C IEC 61646의 시험을 기본적인 예비시험으로 사용할 수 있도록 최적의 방법으로 정리되어 있다.

⑥ 이 표준에서 규정한 시험과정이 PV 모듈을 사용하는 모든 경우의 제반 안정성을 시험하지는 않으며, 표준 작성 당시 적용 가능한 최선의 시험규정을 활용한다. 고전압 장치에서 사용하는 손상된 모듈로 야기되어 발생할 수 있는 전기적 충격의 위험과 같은 문제가 있으며, 이는 장치의 설계, 위치, 접근 제한 및 정비

과정에서 다루어야 한다.

⑦ 이 표준에서는 제1부인 KS C IEC 61730-1에 의거하여 그 구성을 시험한 PV 모듈의 안정성을 인증하고자 하는 시험순서를 제공하는 것이며, 시험순서와 합격기준은 화재, 전기충격 및 인적부상을 초래할 수 있는 PV 모듈의 내부 및 외부 구성품의 고장 가능성을 검지하는 것이다.

⑧ 이 표준에서는 모듈의 최종 응용기능인 기본적인 안전시험 요건과 부가적 시험을 정의한다. 시험의 범주에는 일반 검사, 전기충격위험, 화재위험, 기계적 응력 및 환경응력시험이 포함된다.

⑨ 관련된 ISO 표준이나 모듈을 설치하거나 사용하고자 하는 지역의 국가 또는 지방의 규약에 요약된 추가적인 시험요건은 이 문서에 기술되어 있는 요건 외에 추가로 고려해야 한다.

3) 국제표준부합화

대응국제표준	부합화 수준
IEC 61730-2:2004	일치

(26) 결정계 실리콘 태양전지 어레이-현장에서의 전류-전압 특성측정(KS C IEC 61829)

1) 표준번호 : KS C IEC 61829:2005

2) 적용범위 : 이 규격은 결정계 실리콘 태양전지 어레이가 설치된 장소에서의 특성 측정과 표준시험조건(STC) 또는 선택된 온도 및 방사 조도값에서 데이터를 추정하기 위한 절차에 대해 기술한다.

3) 국제표준부합화

대응국제표준	부합화 수준
IEC 61829:1995	일치

(27) 태양광발전에너지시스템-용어 및 기호(KS C IEC 61836)

1) 표준번호 : KS C IEC 61836:2007

2) 적용범위

① 이 규격은 태양광발전 국가규격(표준)과 국제규격 및 태양광발전에너지시스템

[solar photovoltaic(PV) energy system] 분야에서 사용되는 관련문서에 사용되는 용어와 기호를 다룬다.

② 보고서에는 IEC TC82 발간 표준으로부터 모은 용어와 기호가 포함되어 있으며, 전에 이미 IEC 61836 : 1997(Part 1)이란 기술보고서로 간행된 바 있다. 본 보고서는 "해당 단어가 무엇을 의미하는가"에 주안점을 두고 있으며, "어떤 조건 아래에서 용어가 적용되는가"에 두고 있지는 않다.

3) 국제표준부합화

대응국제표준	부합화 수준
IEC 61836:2007	일치

⑱ 태양광발전시스템의 주변장치-설계검증을 위한 일반요건(KS C IEC 62093)

1) **표준번호** : KS C IEC 62093:2007

2) **적용범위**

① 이 규격은 지상에 설치된 태양광발전시스템에 사용되는 주변장치 부품의 설계검증에 대한 요구사항에 대하여 규정한다.

② 이 규격은 냉 · 난방이 되거나 되지 않은 실내 사용 부품, 또는 IEC 60721 - 2 - 1에 정의된 일반적인 실외 기상조건에서 보호되어 있거나 그렇지 않은 장소에서 사용되는 부품에 적용할 수 있다.

③ 이 규격은 축전지, 인버터, 충전 제어기, 시스템 다이오드 패키지, 방열기구, 과전압 보호기, 시스템 체결박스, 최대 전력점 추종장치, 개폐장치와 같은 태양광발전 전용장치에 맞도록 작성되었지만, 다른 주변장치 부품에도 적용할 수도 있다.

④ 이 규격은 KS C IEC 61215 및 KS C IEC 61646의 태양전지 모듈의 설계검증에 대한 내용을 기반으로 하고 있지만 주변장치 부품의 특징을 고려하여 내용을 수정하였으며, 다양한 동작환경에 따른 위험수준을 추가하였다. 또한 먼지, 곰팡이, 벌레, 운송 도중의 진동 및 충격, 보호등급 등을 적절한 환경 범주에 추가하였으며, 고온 · 저온 및 습도 한계도 적정한 동작환경에 맞게 수정하였다.

⑤ 이 규격은 태양전지 모듈에는 해당되지 않으며 이와 관련된 내용은 KS C IEC 61215 및 KS C IEC61646에서 다루고 있다. 또한, 집광기 모듈이나 일체형 태양광발전시스템에도 적용되지 않으며, 전기안전분야는 이 규격에 포함되지 않는다.

⑥ 이 규격은 납축전지와 니켈/카드뮴 전지 및 축전지에 적용할 수 있으며, 기타 전기 화학적 전력저장 시스템에 대한 내용은 정보가 입수되는 대로 포함할 것이다.

⑦ 이 시험의 목표는 각 주변장치 부품의 성능을 파악하고, 제한된 시간 및 비용으로 제조업체가 의도한 환경하에서 부품이 적절한 성능을 유지할 수 있는지의 여부를 확인하는 것이다. 따라서 각 부품의 실질적인 기대수명은 각 부품의 설계, 동작환경, 시스템의 상태에 따라 결정된다.

3) 국제표준부합화

대응국제표준	부합화 수준
IEC 62093:2005	일치

(29) 집광형 태양광발전(CPV) 모듈 및 조립품-설계검증 및 형식승인(KS C IEC 62108)

1) 표준번호 : KS C IEC 62108:2009

2) 적용범위

① 이 표준은 IEC 60721 - 2 - 1(Classification of environmental conditions -Part 2-1 : Environmental conditions appearing in nature- Temperature and humidity)에 정의된 일반적인 야외 기후에서의 장기적인 운영에 적합한 집광형 태양광발전(CPV) 모듈 및 조립품의 설계검증 및 형식승인에 대한 최소한의 요건을 정하고 있다.

② 시험순서의 일부분은 평판형 지상용 결정 실리콘 PV 모듈의 설계검증 및 형식승인에 대한 KS C IEC 61215에 지정된 시험 순서를 기반으로 하고 있다. 그렇지만 CPV 수신기 및 모듈의 특수기능(특히 현장 및 실험실 내 시험의 구분, 추적 조정의 효과, 높은 전류 밀도, 빠른 온도 변화와 관련된)을 위해 약간의 변경이 이루어졌으며, 이로 인해 몇몇 새로운 시험절차 또는 요건이 만들어졌다.

3) 국제표준부합화

대응국제표준	부합화 수준
IEC 62108:2007	일치

(30) 독립형 태양광발전(PV)시스템-설계검증(KS C IEC 62124)

1) 표준번호 : KS C IEC 62124:2008

2) 적용범위

① 이 표준에 포함된 시방, 시험방법 및 절차는 독립형 태양광발전시스템을 규정하

는 것이다.

② 이 표준은 한 개 이상의 태양광발전 모듈, 지지 구조물, 저장 축전지, 충전 조절 장치 및 조명, 라디오, 텔레비전과 냉장고와 같은 전형적인 직류부하로 이루어진 시스템을 다룬다. 전용 교류 변환기가 있는 교류부하는 직류부하로 본다. 제작자가 규정한 부하는 설계 검증 측면에서는 PV 시스템의 일부분이다.

③ 이 표준의 시험방법과 절차는 시스템의 성능평가에 초점을 맞춘 것이다. 개개의 부수 시스템과 부품도 설계를 검증할 수 있으나 전체 시스템의 성능평가를 위해서만 검토한다.

④ 이 시험의 결과는 시험한 해당 부품에만 적용 가능하다. 부품이나 부품 시방을 변경할 때는 설계검증을 해야 한다.

⑤ 이 규정의 예외는 부하이다. 부하의 공칭소비전력과 그 특성이 변하지 않았다면, 즉 (형식 시험이 가능하면) 새 부하 역시 형식시험을 받았고 (전자적인 부하 조절 장치가 있다면) 새 부하의 동작주기가 이미 시험을 받았으며, 대치하려는 구형 부하의 동작주기와 비교해서 50% 이상 변하지 않았으면 재시험은 필요하지 않다. 따라서 순수 저항부하를 고주파 전자 안정기를 사용하는 조명으로 변경하려면 재시험이 필요하지만, 한 가지 전자 조명 제품에서 다른 것으로 변경할 때는 필요하지 않다.

⑥ 이 표준은 일반적인 조건에서의 실외시험과 모의된 조건에서의 실내시험 모두에 적용된다. 시험조건은 이러한 시스템을 사용하고자 하는 대부분의 기후 지역을 나타내려는 의도이다.

⑦ 이 표준의 목적은 시스템 설계를 검증하고 독립형 태양광발전시스템의 성능을 평가하고자 하는 것이다. 개개의 부품이 환경표준과 안전표준에 합격하였더라도 부품들이 시스템 제작자가 규정한 대로 시스템이 정상으로 동작하는지 확인하기 위하여 이를 조합한 시스템에 대한 검증이 필요하다. 성능시험은 기능성 시험, 자립운전(autonomy) 시험 및 축전지의 반복되는 저충전 상태로부터의 회복 능력 시험으로 이루어지고, 따라서 시스템이 조기고장이 일어나지 않을 것을 무리 없이 보장할 수 있다.

3) 국제표준부합화

대응국제표준	부합화 수준
IEC 62124:2004	일치

(31) 지역전력공급용 소규모 신재생 복합전력시스템의 권장사항 – 제9 – 5부 : 통합 시스템 - 지역전력공급 프로젝트용 휴대형 태양광발전 랜턴의 선정 (KS C IEC 62257 – 9 – 5)

1) **표준번호** : KS C IEC 62257 - 9 - 5:2011

2) **적용범위**

① 이 표준은 휴대형 태양광발전 랜턴(휴대형 태양광 랜턴)에 적용하는 것으로, 빛을 공급하는 데 사용되는 기술과는 독립된 것이다.

② 이 표준에서 다루는 시험은 프로젝트 추진자가 여러 시장에서 공급되는 제품 중 적합한 제품을 수월하게 구분한 후, 전력공급 프로젝트의 GS에 명시된 제반 요건에 맞는 최적의 제품을 선정할 수 있도록 해준다(KS C IEC 62257 – 3 참조).

③ 이 표준은 선정된 랜턴의 수명과 작동능력 및 시설물 인근에 거주하는 사람들의 안전을 보장하기 위해 준수되어야 하는 규제 및 설치 조건을 규정하고 있다.

④ 이 표준은 기존의 어느 IEC 표준도 대체하지 않는다.

3) **국제표준부합화**

대응국제표준	부합화 수준
IEC 62262:2007	일치

(32) 지역 전력 공급용 소규모 신재생에너지 및 복합전력시스템의 권장사항 – 제9 – 6부 : 종합시스템 - 태양광 개별전력시스템의 선택 (PV – IES) (KS C IEC 62257 – 9 – 6)

1) **표준번호** : KS C IEC 62257 - 9 - 6:2010

2) **적용범위**

① 이 표준은 여러 개발도상국의 연구소에서 실시 가능한 간편한 선정절차와 저비용 비교시험을 제안하여 수많은 시험제품 중에서 특정지역 전력 공급 프로젝트에 가장 적합한 최대 500Wp까지의 소형 태양광 개별전력공급시스템(PV – IES)을 식별하는데 그 목적이 있다.

② 이 표준은 KS C IEC 62124, 독립형 태양광발전(PV)시스템 - 설계검증 [Photovoltaic(PV) stand alone systems - Design verification]의 적용범위와는 차이가 있는데, 후자의 경우에는 태양광 발전기, 축전지 및 각종부하장치(예 조명 장치, TV 수상기 및 냉장고 등)를 포함한 태양광시스템의 성능을 평가할 목적에서 독립태양광시스템 및 옥내/옥외 시험의 설계를 검증하기 위한 지침을 규정하고 있다.

③ 이 표준에 규정된 각종 시험을 실시할 경우, 프로젝트의 일반표준요건에 따라 PV - IES의 성능을 평가할 수 있으며(KS C IEC 62257 - 2를 참조) 필요한 작동을 수행할 능력을 검증할 수 있다. 이러한 시험들은 실제 현장의 가동조건에 최대한 근접한 현지 환경에서 실시해야 한다.

④ 이 표준문서는 형식승인표준에 속하지 않는다. 다만, 이 문서는 지침으로 활용할 기술표준에 속하며 태양광시스템에서 기존의 표준을 대신하지 않는다.

3) 국제표준부합화

대응국제표준	부합화 수준
IEC 62257 - 9 - 6:2008	일치

PART 2 태양광발전시스템 품질관리 실·전·기·출·문·제

2013 태양광산업기사

01. 준공 시 태양전지 어레이의 점검항목이 아닌 것은?

① 프레임 파손 및 변형유무
② 가대 접지 상태
③ 표면의 오염 및 파손상태
④ 전력량계 설치 유무

정답 ④

④의 전력량계 설치유무는 발전전력의 준공 시 점검항목이다.

2013 태양광기능사

02. 태양광 발전소 일상점검요령으로 틀린 것은?

① 태양전지 어레이에 현저한 오염 및 파손이 없을 것
② 인버터 운전시 이상 냄새, 이상 과열이 없을 것
③ 접속함 외함에 파손이 없을 것
④ 인버터 통풍구가 막혀 있을 것

정답 ④

인버터 통풍구가 막힌 것은 태양광 발전소 일상점검요령의 사항이 아니고 문제가 발생했을 때 즉각적으로 조치하여야 한다.

2013 태양광기사

03. 인버터의 전압 왜란(distortion)을 측정하기 위한 방법이 아닌 것은?

① 인버터 수치 읽기
② AC 회로시험
③ 전력망 분석
④ I-V 곡선

정답 ④

I-V 곡선은 태양전지 모듈의 전류 전압 특성을 나타내는 곡선이다.

2013 태양광기능사

04. 태양전지 어레이의 육안 점검항목이 아닌 것은?

① 프레임 파손 및 두드러진 변형이 없을 것
② 가대의 부식 및 녹이 없을 것
③ 코킹의 망가짐 및 불량이 없을 것
④ 접지저항이 100Ω 이하일 것

정답 ④
접지저항 값이 전기설비기술기준이나 제작사 적용 코드에 정해진 접지저항이 확보되어 있는지를 접지저항 측정기로 확인한다.

2013 태양광기능사

05. 태양광 모듈이 태양광에 노출되는 경우에 따라서 유기되는 열화정도를 시험하기 위한 장치는?

① 항온항습장치
② 염수수분장치
③ 온도사이클시험장치
④ UV시험장치

정답 ④
UV시험장치는 태양광 모듈이 태양광에 노출되는 경우에 따라서 유기되는 열화정도를 시험하기 위한 장치이다.

2013 태양광기사

06. 독립형 태양광발전시스템의 주요 구성장치로 볼 수 없는 것은?

① 태양광(PV)모듈
② 충방전 제어기
③ 축전지 또는 축전지 뱅크
④ 송선설비

정답 ④
독립형 태양광발전시스템은 계통전력과 연계된 시스템이 아닌 독립된 시스템으로 송전설비는 태양광발전시스템의 구성장치가 아니다.

2013 태양광기사

07. 태양광발전시스템 출력 에너지를 태양광발전 어레이의 정격출력과 가동시간의 곱으로 나눈 값은?

① 주변기기 효율
② 종합시스템 효율
③ 시스템 이용율
④ 어레이 기여율

정답 ③

시스템 이용율 = 시스템 출력 에너지/ (태양광발전 어레이의 정격출력×가동시간)

PART 3

태양광발전시스템 유지보수

제1절 유지보수 개요

1. 유지보수 의의
2. 보수점검 시 유의사항
3. 공통 점검사항

제2절 유지관리 세부내용

1. 발전설비 유지관리
2. 송전설비 유지관리
3. 태양광발전시스템 고장원인
4. 태양광발전시스템 문제진단
5. 태양광발전시스템 Trouble Shooting 처리방법
6. 발전형태별 정기보수
7. 발전형태별 점검사항
8. 처리

제3절 모니터링 데이터를 이용한 유지보수 방법

1. 태양광발전 모니터링 시스템
2. 모니터링 설비 설치기준
3. 모니터링 시스템의 설치

1 유지보수 개요

1. 유지보수 의의

태양광발전시스템은 무인 자동운전되는 것을 전제로 설계 제작되어 있으나 태양광발전설비도 경년열화에 따른 열화 및 고장이 예상되므로 태양광발전설비의 소유주 또는 전기안전관리자로 선임된 자는 태양광발전설비를 장기적으로 안전하게 사용하기 위해 전기사업법에서 규정된 정기검사 수검 외에 자체적으로 정기적인 유지보수를 실시할 필요가 있다.

2. 보수점검 시 유의사항

(1) 점검 전의 유의사항

1) 준비 철저

응급처치방법 및 작업 주변의 정리, 설비 및 기계의 안전을 확인한다.

2) 회로도에 의한 검토

전원 계통이 역으로 돌아나오는 경우 반내 각종 전원을 확인하고, 차단기 1차 측이 살아 있는가의 유무와 접지선을 확인한다.

3) 연 락

관련회사의 관련부서와 긴밀하고 신속, 정확하게 연락할 수 있는지 확인한다.

4) 무전압 상태확인 및 안전조치

주 회로를 점검할 때, 안전을 위하여 다음의 사항을 점검한다.

① 원격지의 무인감시 제어시스템의 경우 원격지에서 차단기가 투입되지 않도록 연동장치를 쇄정한다.

② 관련된 차단기, 단로기를 열고 주 회로에 무전압이 되게 한다.

③ 검전기로서 무전압 상태를 확인하고 필요개소에 접지한다.

④ 차단기는 단로상태가 되도록 인출하고 '점검 중'이라는 표시판을 부착한다.

⑤ 단로기 조작은 쇄정시킨다(쇄정장치가 없는 경우 '점검 중'이라는 표시판 부착).

⑥ 수전반 또는 모선 연락반 등과 같이 전원이 역으로 돌아 나오는 경우에는 상대단의 개폐기에 대해서도 상기 ④항의 조치를 취한다.

⑦ 잔류전압에 대한 주의 : 콘덴서 및 케이블의 접속부를 점검할 경우에는 잔류전압을 방전시키고 접지를 행한다.
⑧ 오조작 방지 : 전원의 쇄정 및 주의 표지를 부착한다.
⑨ 절연용 보호기구를 준비한다.
⑩ 쥐, 곤충류 등이 배전반에 침입할 수 없도록 대책을 세운다.

(2) 점검 후의 유의사항

1) 접지선의 제거

점검 시 안전을 위하여 접지한 것을 점검 후에는 반드시 제거해야 한다.

2) 최종 확인

최종 작업자는 다음의 사항을 확인한다.
① 작업자가 반내에 들어가 있는지
② 점검을 위해 임시로 설치한 가설물 등의 철거가 지연되고 있지 않는지
③ 볼트조임 작업을 완벽하게 하였는지
④ 공구 등이 버려져 있지는 않는지
⑤ 쥐, 곤충 등이 침입하지는 않았는지
⑥ 무인감시제어의 경우 출입자 감시용 CCTV 및 리미트 정상확인 원격감시제어 연동장치 쇄정을 풀어둔다.
⑦ 점검의 기록 : 일상순시점검, 정기점검 또는 임시점검을 할 때에는 반드시 점검 및 수리한 요점, 고장의 상황, 일자 등을 기록하여 다음 점검 시 참고자료로 활용하도록 한다.

3. 공통 점검사항

(1) 녹이 슬거나 도장의 벗겨짐

금속부분에 녹이 슬거나 도장의 벗겨진 부분 등은 보수점검 항목이며, 또한 설치장소, 환경 및 사용상태, 설치 후의 경과년수에 따라서 그 정도가 다르기 때문에 점검내용은 특별히 기재할 수 없지만, 정기점검 시 다음의 사항에 유의하여 점검한다.

1) 금속부분에 녹이 발생한 경우 유의하여 점검할 부분

① 기구부 등에 녹이 발생하여 회전이 원활하지 않다고 생각되는 개소
② 녹의 발생으로 접촉저항이 변화하여 통전부에 지장이 생기는 부위

③ 스프링의 녹 발생, 접합 용접부위의 부식 등으로 기계적 강도가 떨어질 염려가 있는 부위

④ 녹이 발생하여 미관을 해치는 부위

2) 도장이 벗겨진 경우의 유의할 사항

옥외 등과 같이 주위의 환경조건이 나쁜 경우에는 도장이 벗겨진다든가 손상이 일어난 부분에 대해서는 특히 조기에 보수를 실시하고 페인트칠을 한다.

(2) 기 타

1) 비상정지회로는 정기점검 시 동작확인을 반드시 확인한다.

2) 비나 바람이 강한 날은 평상 시에 일어나지 않던 현상이 일어날 수도 있으므로, 특히 이 점을 유념하여 순시를 한다.

3) 배전반 부근에서 건축공사 등을 시행하는 경우에는 먼지 또는 진동에 의한 충격으로 기기에 손상이 일어나지 않도록 주의한다.

2 유지관리 세부내용

1. 발전설비 유지관리

(1) 태양광발전설비 운영방법

구 분		운영메뉴얼
공통	시설용량 및 발전량	• 설치된 태양광발전 설비의 용량과 부하의 용도 및 부하의 적정사용량을 합산하여 월 평균 사용량에 따라 결정된다. • 태양광발전 설비의 발전량은 봄철, 가을철에 많으며 여름철과 겨울철에는 기후여건에 따라 현저하게 감소한다. 그러나 박막형은 온도에 덜 민감하다.
관리	모듈	• 모듈표면은 특수 처리된 강화유리로 되어 있으나 강한 충격이 있을 시 파손될 수 있다. • 모듈표면에 그늘이 지거나 나뭇잎 등이 떨어져 있는 경우 전체적인 발전효율 저하 요인으로 작용하며 황사나 먼지, 공해물질은 발전량 감소의 주요인으로 작용한다. • 고압 분사기를 이용하여 정기적으로 물을 뿌려주거나, 부드러운 천으로 이물질을 제거해주면 발전효율을 높일 수 있다. 이때 모듈표면에 흠이 발생하지 않도록 주의해야 한다. • 모듈표면의 온도가 높을수록 발전효율이 저하되므로 태양광에 의하여 모듈온도가 상승할 경우에 정기적으로 물을 뿌려 온도를 조절해 주면 발전효율을 높일 수 있다. • 풍압이나 진동으로 인하여 모듈의 형강과 체결부위가 느슨해지는 경우가 있으므로 정기적으로 점검해야 한다.
	인버터 및 접속함	• 태양광발전 설비의 고장요인은 대부분 인버터에서 발생하므로 정기적으로 정상가동 유무를 확인해야 한다. • 접속함에는 역류방지 다이오드, 차단기, T/D, CT, DT, 단자대 등이 내장되어 있으니 누수나 습기 침투 여부의 정기적 점검이 필요하다.
	구조물 및 전선	• 구조물이나 구조물 접합 자재는 아연용융도금이 되어 있어 녹이 슬지 않으나 장기간 노출될 경우에는 녹이 스는 경우도 있다. • 부분적인 녹슴 현상이 일어날 경우 페인트, 은분 스프레이 등으로 도포 처리를 해주면 장기간 안전하게 사용할 수 있다. • 전선 피복부나 전선 연결부에 문제가 없는지 정기적으로 점검하고 문제가 발생한 경우 반드시 보수해야 한다.
응급조치		• 태양광발전 설비가 작동되지 않는 경우 ① 접속함 내부 차단기 OFF ② 인버터 OFF 후 점검 ③ 점검 후 인버터, 접속함 내부 차단기 순서로 ON

(2) 태양광발전시스템 운영 시 비치 목록

1) 발전시스템에 사용된 핵심기기의 매뉴얼
   인버터, PCS 등
2) 발전시스템 건설관련도면
   토목도면, 기계도면, 전기배선도, 건축도면, 시스템 배치도면 등
3) 발전시스템 운영 매뉴얼
4) 발전시스템 시방서 및 계약서 사본
5) 발전시스템에 사용된 부품 및 기기의 카탈로그
6) 발전시스템 구조물의 구조계산서
7) 발전시스템의 한전계통 연계 관련 서류
8) 전기안전 관련 주의 명판 및 안전경고표시 위치도
9) 전기안전관리용 정기 점검표
10) 발전시스템 일반 점검표
11) 발전시스템 긴급복구 안내문
12) 발전시스템 안전교육 표지판

2. 송전설비 유지관리

배전반의 운전 정비요원이 배전반의 기능이 연도별 변화 및 기능저해 요인을 감시하고 기기의 정상적인 운전과 사고 고장을 미연에 방지하기 위한 안내 및 활용을 위한 설명을 중심으로 한다.
이 설명은 내부기기를 포함한 배전반의 전반적인 일상순시점검 및 정기점검에 대한 것이다. 또한 보수점검은 배전반의 빛깔, 소리, 냄새, 열 또는 빗물이 들어갔는지 등을 감지하여 이상의 유무를 파악하는 것이므로 내부 각각의 기기에 대해서는 각 기기의 취급설명서를 참조한다.

(1) 점검의 분류와 점검주기

점검을 위해서 제약조건이 필요하며 제약조건과 점검에 대한 사항은 다음과 같다.
① 점검주기는 대상기기의 환경조건, 운전조건, 설비의 중요성, 경과연수 등에 의하여 영향을 받기 때문에 상기에 표시된 점검주기를 고려하여 선정한다.
② 무정전의 상태에서도 문을 열고 점검할 수 있으며, 1개월에 1회 정도는 문을 열고

점검하는 것이 좋다.

③ 모선정전의 기회는 별로 없으나 심각한 사고를 방지하기 위해 3년에 1번 정도 점검하는 것이 좋다.

제약조건 점검의 분류	문의 개폐	커버류의 분류	무정전	회로정전	모선정전	차단기 인출	점검주기
일상순시점검	-	-	○	-	-	-	매일
	○	-	○	-	-	-	1회/월
정기점검	○	○	-	○	-	○	1회/6개월
	○	○	-	○	○	○	1회/3년
일시점검	○	○	-	○	○	○	-

(2) 일상순시점검

일상점검은 배전반의 기능을 유지하기 위한 일상점검을 말하며 다음에 서술된 요령으로 실시한다.

① 매일의 일상순시점검은 문을 열어 점검하든지 커버를 해체한 후, 점검하는 것이 아니고 이상한 고리, 냄새, 손상 등을 배전반 외부에서 점검항목의 대상항목에 따라서 점검하는 것을 말한다.

② 이상상태를 발견한 경우에는 배전반의 문을 열고 이상의 정도를 확인한다.

③ 이상상태가 직접 운전을 하지 못할 정도로 전개되는 경우를 제외하고는 이상상태의 내용을 기록하여 정기점검 시에 반영함으로서 참고자료로 활용한다.

(3) 정기점검

정기점검은 배전반의 기능을 확인하고 유지하기 위한 계획을 수립하여 점검하는 것을 말한다.

① 원칙적으로 정전을 시키고 무전압 상태에서 기기의 이상상태를 점검하고 필요에 따라서는 기기를 분해하여 점검한다.

② 모선을 정전하지 않고 점검해야 할 경우에는 안전사고가 일어나지 않도록 주의한다.

(4) 일시점검

일상순시점검 및 정기점검에 의하여 상세하게 점검할 경우가 발생되는 경우에 점검을 한다.

3. 태양광발전시스템 고장원인

(1) 보수점검의 실제

1) 점검일반사항

사전에 면밀한 계획을 수립하여 필요한 공구, 예비품은 반드시 준비해야 한다. 또한, 인명의 안전, 기기의 안전에 유의하여야 하며, 특히 운전상태에서 점검할 때에는 감전 및 기기의 오동작이 발생하지 않도록 유의해야 한다.

2) 운전 시에 전압이 걸려 있는 부분의 작업

반드시 점검하고자 하는 부분이 무전압인 것을 DS, 차단기, 개폐기와 회로에 의해서 확인하고, 그 회로의 전압에 적당한 검전기를 사용하여 재차 확인 후에 작업에 착수해야 한다. 교류회로에서 주전원 및 제어회로 전원측 1단자를 접지하여 두면 안전하다.

(2) 점검계획 수립 시 고려사항

점검의 내용 및 주기는 여러 가지의 조건을 고려하여 결정해야 하며, 그 내용은 다음과 같다.

1) 설비의 사용기간

일반적으로 새로운 설비보다 오래된 설비가 고장발생의 확률이 높기 때문에 점검내용을 세분화하고 주기를 단축해야 한다.

2) 설비의 중요도

설비에는 중요설비와 비교적 중요하지 않은 설비가 있다. 예컨대, 수전선 사고의 경우에는 전 구간이 정전되지만, 주요 부하용 설비의 경우는 해당 구간의 라인만 정전된다.

반대로 설비에 따라서는 여러 시간 정전해도 운전에 영향을 미치지 않는 설비가 있다. 이와 같은 설비는 그 중요도에 따라서 내용 및 주기를 검토해야 한다.

3) 환경조건

설비가 설치되어 있는 곳의 환경이 좋은지, 나쁜지는 보수점검상 큰 차이가 있다. 옥내인기, 옥외인가, 분진의 나소, 환기의 양부, 습기의 다소, 특수 가스의 유무, 진동의 유무 등에 의하여 절연물의 열화, 금속의 부식, 과열, 더 나아가서는 수명단축 등의 가능성이 매우 높게 된다.

4) 고장이력

환경조건의 불량 등에 의하여 고장을 많이 일으키는 설비가 있는데, 이와 같은 설비는 재발방지를 위하여 점검을 강화해야 한다.

5) 부하상태

사용빈도가 높은 설비, 부하의 증가, 환경조건의 악화 등으로 과부하 상태로 된 설비 등은 점검의 주기를 단축해야 하며, 그러한 조건이 발생하지 않도록 해야 한다.

(3) 점검의 분류 및 내용

1) 점검의 분류

① 운전점검 : 운전 중(1회/8시간)

② 일상점검 : 운전 중(1회/1주~1회/3개월)

③ 정기점검 (보통) : 정지(단시간, 1회/6개월~1회/2년)

④ 정기점검 (세밀) : 정지(단시간, 1회/1년~1회/5년)

⑤ 임시점검 : 정지

2) 점검의 내용

① 운전점검

메타 바늘은 원활하게 움직이는지, 이상한 냄새, 이상한 소리는 없는지 등을 위주로 감각에 의한 외관 점검을 한다. 필요에 따라서는 각 부분의 청소, 램프의 전구 교체 등을 실시한다.

② 일상점검

메타 바늘은 원활하게 움직이는지, 이상한 냄새, 이상한 소리는 없는지 등을 위주로 감각에 의한 외관 점검을 행하여 이상이 있으면 필요한 조치를 취한다.

③ 정기점검 (보통)

주로 정지상태에서 행하는 점검으로 제어운전 장치의 기계 점검, 절연저항의 측정 등을 실시한다. 필요에 따라서는 배전반 종합 동작시험, 계전기의 모의동작 시험을 실시할 수 있다.

④ 정기점검 (세밀)

비교적 장시간 정지하여 잘 맞지 않는 곳의 조정, 불량품의 교체, 차단기 내부점검 등이 용이하도록 전체적으로 분해하여 각부의 세부점검을 행한다. 또한, 계전기의 특성시험, 계기의 점검시험을 실시한다.

⑤ 임시점검

임시로 실시하는 점검으로 일상점검 등에서 이상을 발견할 경우, 큰 사고가 발생한 경우(각부가 사고로 인한 영향을 받지 않았는가, 특히 차단기가 동작한 경우는 차단기의 내부점검을 실시)에 실시한다.

4. 태양광발전시스템 문제진단

(1) 점검기준

각 장소에서 사용하고 있는 여러 가지 배전반에 있어서 각각 고유의 특성을 고려하여 각각에 적당한 점검을 실시하여야 하며, 여기서는 배전반의 점검표준을 일상점검과 정기점검(보통)으로 나누어 살펴보기로 한다.

① 일상점검

점검항목	점검요령	조치
수배전반	㉮ 이상한 소리, 이상한 냄새, 연기, 진동 등은 없는지(감각에 의한 점검) ㉯ 반 내에 습기, 빗물이 떨어진 흔적은 없는지 ㉰ 반 외관에 이상은 없는지	원인을 조사하여 조치
계측관계	㉮ 계기의 프레임 커버에 먼지로 오손되어 있지는 않은지 ㉯ 지시동작상태에 이상은 없는가, 관련 계기와의 지시에 차이는 없는지 ㉰ 영점 위치는 정확한지	간단한 청소 차이가 있으면 오동작 교환 조정
감시제어 관계	㉮ 개폐표시의 지시는 올바른지 ㉯ 고장 표시등은 램프 테스트 결과 이상은 없는지 ㉰ 전구, 렌즈의 파손은 없는지	교환 교환
보호장치	㉮ 계전기 커버 ㉠ 보호유리는 파손되어 있지 않은지 ㉡ 커버의 볼트 조임은 충분한지 ㉢ 먼지나 곤충류는 침입하지 않았는지 ㉯ 단자부에 먼지는 쌓여 있지 않은지 ㉰ 프레임 커버의 온도 ㉠ 항상 차갑게 되어 있어야 할 계전기가 더워져 있는지 혹은 그 반대로 되어 있지 않은지 ㉡ 보호유리에는 이상이 없는지 ㉱ 이상한 소리와 진동은 없는지 ㉲ 접점위치, 스프링의 형상 등에 이상은 없는지 ㉳ 접점의 마모, 변색, 발청, 떨어짐은 없는지	간단한 청소 원인규명 조정

	㉳ 표시기의 복귀는 잘 되어 있는지 ㉴ 그 외 외관상의 이상은 없는지	
저압회로	㉮ 전선, 케이블의 단선, 피복손상, 변색, 과열은 없는지 ㉯ 단자 조임부의 조임 불완전, 변색, 과열, 부식은 없는지 ㉰ 단자판의 변형은 없는지 ㉱ 권선 등은 이상이 없는지 ㉲ 퓨즈는 이상이 없는가, 퓨즈는 용단된 것이 없는지 ㉳ 각 개폐기의 접촉 이상은 없는지 ㉴ 쥐 또는 곤충류가 들어온 흔적은 없는지 ㉵ 먼지는 없는지	
차단기	㉮ 이상한 냄새, 이상한 소리는 없는지 ㉯ 절연체(Bottle)의 균열, 파손, 오손은 없는지 ㉰ 표시기의 상태는 이상이 없는지 ㉱ 온도 상승부는 없는지 ㉲ 차단용기(Barrier)의 파손 및 변형은 없는지	
모선 케이블 브라킷 LBS	㉮ 이상한 냄새, 소리, 변색, 과열, 변형, 손상 등의 이상은 없는지 ㉯ 상별, 선로별의 이상은 없는지 ㉰ 모선, 케이블 헤드, 단로기의 지지 취부상태는 양호한지 ㉱ 모선, LBS의 지지 애자 및 케이블 브라켓의 오손, 균열은 없는지 ㉲ LBS와 록장치는 정상적으로 동작하는지 ㉳ LBS의 절연, 조작로드의 균열, 횡분할핀의 탈락은 없는지	
전압, 전류 변성기	㉮ 표면의 오손, 먼지는 없는지 ㉯ 단자의 조임상태가 느슨한 것은 없는지 ㉰ 과열은 없는지 ㉱ 이상한 냄새, 소리, 변색은 없는지 ㉲ 철심의 녹으로 인한 손상은 없는지 ㉳ 이물질의 침입, 접촉은 없는지	

② 정기점검 : 단시간 정지시킨 후에 점검한다.

점검항목	점검요령	조치
전반	㉮ 반 내외의 오선, 먼지는 없는지 ㉯ DOOR 가동부가 유연하지 않는 부분은 없는지 ㉰ 반 내에 습기, 빗물의 침투는 없는지 ㉱ 표면, 이면 각부 너트가 느슨하게 된 부분은 없는지 ㉲ 그 외 전반적으로 이상은 없는지	민지제거 가동부에 주유 습기, 빗물의 침입에 대한 대책을 수립

태양광발전시스템 유지보수

계측장치	㉮ 계기 본체 내외에 이상은 없는지 ㉯ 지침의 휘어짐이나 마찰은 없는가, 균형은 이루어져 있는지 ㉰ 스프링의 상태는 양호한지 ㉱ 제동장치와 마찰접촉은 없는지 ㉲ 축수의 느슨함, 왜곡은 없는지 ㉳ 영점 위치는 올바른지 ㉴ 보조 릴레이 등의 소손 및 단선은 없는지 ㉵ 단자의 볼트조임의 풀림 혹은 리드 용단은 없는지 ㉶ 그 외 이상이 있는 곳은 없는지	지침의 조정을 행함 조정 교환 느슨하지 않게 조임
감시장치	㉮ 운전표시, 고정표시는 정상인지 ㉯ 벨, 부저의 동작은 정상인지 ㉰ 보조 릴레이의 접점은 더렵혀지지 않았는지	 깨끗이 함
제어장치	㉮ 개폐표시는 원활한지 ㉯ 개폐기, 전자 접촉기의 접촉상태는 좋은지 ㉰ 제어개폐기, 전자접촉기의 스프링와셔는 이상이 없는지 ㉱ 마그넷 코일의 단선, 층간 단락은 없는지 ㉲ 고정(조임) 등에는 이상이 없는지 ㉳ 단자의 조임이 느슨하게 된 것은 없는지 ㉴ 먼지는 쌓이지 않았는지 ㉵ 절연물의 열화는 없는지	불량품 교체 느슨하지 않게 조임 불량품 교체
보호장치	㉮ 커버는 더럽혀져 있지 않은지 ㉯ 파손, 변형, 패킹 단락은 없는지 ㉰ 릴레이 내부가 먼지 등으로 인해 더렵혀져 있지 않은지 ㉱ 납땜부분, 볼트조임, 부식이 된 부분이 있다든지, 느슨하게 된 부분은 없는지 ㉲ 혼촉, 단선, 절연파괴는 없는지 ㉳ 코일의 소손, 층간단락, 절연파괴는 없는지 ㉴ 가동부의 회전장치는 동작위치에서 정규위치로 원활하게 복귀되어 있는지 ㉵ 기어의 마찰, 느슨함은 없는지 ㉶ 회전부가 느슨하게 된 것은 없는지 ㉷ 접점의 접속상태는 좋은지 ㉸ 접점의 마모, 변색은 없는지	커버를 청소 조정 및 교환
저압회로	㉮ 배선의 피복 손상, 변색은 없는지 ㉯ 단자부의 단선은 없는지 ㉰ 단자의 볼트조임 부분이 느슨하게 된 것은 없는지 ㉱ 각 개폐기, 접촉기의 접촉은 좋은지 ㉲ 절연저항은 이상이 없는지	배선을 교체 청소 느슨하지 않게 조임 불량품 교체 원인조사

차단기	㉮ 외부 일반 ㉠ 표시기는 제대로 동작하는지 ㉡ 차단용기(Barrier)의 파손 및 변형은 없는지 ㉢ 먼지가 쌓인 부분은 없는지 ㉯ 절연저항 측정 : 주회로 및 제어회로의 대지 간 절연상태는 좋은지 ㉰ 내부 일반 ㉠ 소호실의 오손, 균열, 손상은 없는지 ㉡ 절연물의 변형 및 과열된 흔적은 없는지 ㉢ 접촉부의 조임볼트는 느슨하게 된 것은 없는지 ㉣ 기타 볼트의 조임상태가 나쁜 것은 없는지 ㉱ 조작장치 ㉠ 각종 결합부에는 이상이 없는지 ㉡ 각종 스프링의 변형 및 녹은 없는지 ㉢ 각 연결부의 볼트조임 상태는 양호하며, 와셔, 핀 등의 손상은 없는지 ㉣ 제어회로 단자가 느슨하게 된 것은 없는지 ㉤ 조작용 코일은 이상이 없는지 ㉥ 접촉부의 마모 손상 및 변형은 없는지 ㉲ 개폐 조작시험 ㉠ 본체의 동작상태는 양호한지 ㉡ 트립 자유기구의 동작은 원활한지 ㉢ 기타 이상은 없는지	원인조사 느슨하지 않게 조정
케이블 브라킷	㉮ 케이블 브라켓의 균열 및 손상은 없는지 ㉯ 고정금구의 볼트조임 상태는 양호하며 삐뚤어진 것은 없는지 ㉰ 먼지의 축적은 없는지	먼지 제거
LBS	㉮ 접촉부의 손상은 없는지 ㉯ 조립 볼트가 느슨하게 된 것은 없는지 ㉰ 애자의 오손 및 느슨하게 된 것은 없는지 ㉱ 조작레버, 절연봉의 손상은 없는지 ㉲ 원활하게 투입, 개폐가 가능한지	느슨하지 않게 조임
모선	㉮ 모선의 변형 및 손상, 변색은 없는지 ㉯ 지지애자의 균열, 손상은 없는지 ㉰ 조립 볼트가 느슨하게 된 것은 없는지	
계기용 변압기 변류기	㉮ 변형 손상은 없는지 ㉯ 먼지가 쌓이지는 않았는지 ㉰ 단자의 조임볼트가 느슨하게 된 것은 없는지 ㉱ 절연은 이상이 없는지	먼지 제거

③ 점검 표준표

각 설비마다 다음과 같이 점검 표준표를 작성하여 이것에 의해서 작업을 진행시켜야 한다.

㉠ 일상점검

일상운전상태에서 점검하기 때문에 전원이 살아있는 부분에 주의해야 한다.

항 번	작업항목	작업기준	작업요령
1	전압	각 선간전압은 정상인지	절환스위치로 각 선간전압 측정
2	전류	부하전류는 정상인지	각 상전류는 평형인지 정격치 이내에 있는지를 점검
3	계기류	이상의 유무	이상의 유무 점검
4	개폐표시	표시등	표시등 이상 유무의 점검
5	이상한 냄새	이상한 냄새의 유무	냄새를 맡아 봄
6	애자	파손의 유무, 먼지의 부착 유무	눈으로 점검, 코로 나옴에 주의
7	도체	과열되어 변색되어 있지 않은지	접속, 볼트조임 부분에 특히 주의

㉡ 정기점검

보통 점검 후 일정한 기간이 경과할 때마다 정지하여 비교적 간단하게 행한다. 주의할 것은 메가로 절연저항 측정 시 반드시 반도체 회로부분의 결선을 해체한 후 실시한다는 점이다.

항 번	작업항목	작업기준	작업요령
8	절연저항	PT, CT 2차측 도체와 접지 간 및 선간 조작배선과 접지간	500V 메가로 5MΩ 이상
9	주회로 절연저항	주회로를 일괄하여 대지 간 각 상간	100V 메가로 100MΩ 이상 유지하여야 함
10	접지저항		각 해당접지 저항치 이하로 유지
11	애자	손상의 유무	청소 및 교체
12	LBS	접촉부 볼트 조임부 점검	느슨하지 않게 조임
13	스위치	접촉부 볼트 조임부 점검	느슨하지 않게 조임
14	조작기구	마찰 부분의 주유, 각부 볼트 · 너트의 조임상태 점검	
15	조작배선	단자의 조임상태	접촉불량인 부분은 없는지를 조사

※ 주의 : 메가로 절연저항 측정 시 반드시 반도체 회로부분의 결선을 해체한 후 실시한다.

(2) 전기 시설물 점검요령일지

사용전	사용중	사용후	점검항목	점검내용	점검방법	판정기준	점검결과 양호	점검결과 불량	불량처리사항
□	△	○	LBS	㉮ 동작상태 ㉯ 조작대 볼트 조립상태		㉮ 3극 나란히 투입상태 ㉯ 볼트, 너트의 조임상태			조작 볼트를 조임
□	△	○	MOF	㉮ 이상음 ㉯ 애자상태 ㉰ 도장상태	청음 육안 육안	㉮ 종전보다 음이 높음 ㉯ 파손 여부 ㉰ 녹, 도장 훼손			㉮ 정전한 후 MEGGERING으로 확인 ㉯ 제작회사 확인 및 보수 요청 ㉰ 재도장
□	△	○	PF 및 COS	외형	육안	애자의 파손 여부 휴즈봉의 이완			애자 교환 휴즈 교체
□	△	○	CT, PT	㉮ 이상음 ㉯ 애자상태 ㉰ 냄새 ㉱ 외형	청음 육안 계기 육안	㉮ 종전보다 음이 높음 ㉯ 파손 여부 ㉰ 냄새 확인 ㉱ 녹, 도장 훼손			㉮ 정전한 후 MEGGERING으로 확인 ㉯ 교체 ㉰ 제작회사 확인 및 보수 ㉱ 재도장
□	△	○	VCB	㉮ 이상음 ㉯ 애자상태 ㉰ 진공체크 ㉱ 외형	청음 육안 계기 육안	㉮ 이상음이 남 ㉯ 파손 여부 ㉰ 확인 ㉱ 녹, 도장 훼손			㉮ 정전한 후 MEGGERING으로 확인 ㉯ 교체 ㉰ 제작회사 확인 및 보수 ㉱ 재도장
□	△	○	LA	㉮ 이상음 ㉯ 애자상태		㉮ 이상음이 남 ㉯ 파손 여부			㉮ 정전한 후 MEGGERING으로 확인 ㉯ 교체
□	△	○	변압기	㉮ 이상음 ㉯ 애자상태 ㉰ 냄새 ㉱ 외형 ㉲ 주유상태	청음 육안 후각 육안 육안	㉮ 이상음이 남 ㉯ 파손 여부 확인 ㉰ 확인 ㉱ 녹, 도장 훼손 ㉲ 탱크에서 노출			㉮ 정전한 후 MEGGERING으로 확인 ㉯ 교체 ㉰ 제작회사 확인 및 보수 ㉱ 재도장 ㉲ 제작회사 확인 및 보수
□	△	○	케이블	㉮ 외형 ㉯ 온도	육안 지촉	㉮ 손상 여부 ㉯ 촉각 여부			㉮ MEGGERING ㉯ 교체
□	△	○	조작반	㉮ 외형 ㉯ 이상음 ㉰ 냄새 ㉱ 계기동작 상태 ㉲ 단자 접촉 여부	육안 청각 후각 계기 육안	㉮ 파손 여부 ㉯ 이상음이 남 ㉰ 확인 ㉱ 각 램프 및 계기 이상 유무 ㉲ 확인			㉮ MEGGERING ㉯ 조임 ㉰ 제작회사 확인 및 보수 ㉱ 작동

5. 태양광발전시스템 Trouble Shooting 처리방법

(1) 운전상태에 따른 시스템의 발생신호

① 정상운전

태양전지로부터 전력을 공급받아 인버터가 계통전압과 동기로 운전을 하며 계통과 부하에 전력을 공급한다.

② 태양전지 전압이상 시 운전

태양전지 전압이 저전압 또는 과전압이 되면 이상신호(Fault)를 나타내고, 인버터는 정지, MC는 OFF상태로 된다.

③ 인버터 이상 시 운전

인버터에 이상이 발생하면 인버터는 자동으로 정지하고, 이상신호(Fault)를 나타낸다.

(2) 인버터 이상신호 조치방법

모니터링	인버터 표시	현상설명	조치사항
태양전지 과전압	Solar Cell OV fault	태양전지 전압이 규정 이상일 때 발생, H/W	태양전지 전압 점검 후 정상 시 5분후 재기동
태양전지 저전압	Solar Cell UV fault	태양전지 전압이 규정 이하일 때 발생, H/W	태양전지 전압 점검 후 정상 시 5분후 재기동
태양전지의 전압 제한초과	Solar Cell OV limit fault	태양전지 전압이 규정 이상일 때 발생, S/W	태양전지 전압 점검 후 정상 시 5분후 재기동
태양전지의 저전압 제한초과	Solar Cell UV limit fault	태양전지 전압이 규정 이하일 때 발생, S/W	태양전지 전압 점검 후 정상 시 5분후 재기동
한전계통 역상	Line phase sequence fault	계통전압이 역상일 때 발생	상회전 확인 후 정상 시 재운전
한전계통 R상	Line R phase fault	R상 결상 시 발생	R상 확인 후 정상 시 재운전
한전계통 S상	Line S phase fault	S상 결상 시 발생	S상 확인 후 정상 시 재운전
한전계통 T상	Line T phase fault	T상 결상 시 발생	T상 확인 후 정상 시 재운전

한전계통 입력전원	Utility line fault	정전 시 발생	계통전압 확인 후 정상 시 5분후 재기동
한전 과전압	Line over voltage fault	계통전압이 규정치 이상일 때 발생	계통전압 확인 후 정상 시 5분 후 재기동
한전 부족전압	Line under voltage fault	계통전압이 규정치 이하일 때 발생	계통전압 확인 후 정상 시 5분 후 재기동
한전 저주파수	Line under frequency fault	계통주파수가 규정치 이하일 때 발생	계통 주파수 확인 후 정상 시 5분 후 재기동
한전계통의 고주파수	Line over frequency fault	계통주파수가 규정치 이상일 때 발생	계통 주파수 확인 후 정상 시 5분 후 재기동
인버터의 과전류	Inverter over current fault	인버터 전류가 규정치 이상으로 흐를 때 발생	시스템 정지 후 고장 부분 수리 또는 계통 점검 후 운전
인버터 과온	Inverter over Temperature	인버터 과온 시 발생	인버터 및 팬 점검 후 운전
인버터 MC이상	Inverter M/C fault	전자접촉기 고장	전자접촉기 교체 점검 후 운전
인버터 출력전압	Inverter voltage fault	인버터 전압이 규정전압을 벗어났을 때 발생	인버터 및 계통전압 점검 후 운전
인버터 퓨즈	Inverter fuse fault	인버터 퓨즈 소손	퓨즈 교체 점검 후 운전
위상 : 한전 인버터	Line Inverter async fault	인버터와 계통의 주파수가 동기되지 않았을 때 발생	인버터 점검 또는 계통 주파수 점검 후 운전
누전발생	Inverter ground fault	인버터의 누전이 발생했을 때 발생	인버터 및 부하의 고장부분을 수리 또는 접지저항 확인 후 운전
RTU 통신계통 이상	Serial communication fault	인버터와 MMI 사이에 통신이 되지 않는 경우에 발생	연결단자 점검(인버터는 정상 운전)

(3) 검사장비

솔라경로추적기, 열화상카메라, 지락전류시험기, 디지털 멀티미터, 접지저항계, 절연저항계, 내전압 측정기, GPS수신기, RST 3상 테스터 등 여러 가지가 있다.

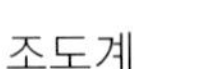

일사량계 조도계 전력분석기 전압계 전류계 버어니어캘리퍼스

6. 발전형태별 정기보수

(1) 태양광발전시스템의 운전 및 관리

1) 전압·극성의 확인

태양전지 모듈이 바르게 시공되어, 설명서대로 전압이 나오고 있는지, 양극 · 음극의 극성이 바른지의 여부 등을 테스터, 직류전압계로 확인한다.

2) 단락전류의 측정

태양전지 모듈의 설명서에 기재된 단락전류가 흐르는지 직류전류계로 측정한다. 타 모듈과 비교해 측정치가 현저히 다른 경우는 배선을 재차 점검한다.

3) 비접지의 확인

태양광발전시스템의 인버터에 절연변압기를 시설하는 것이 적어졌기 때문에 트랜스리스 방식을 사용하는 경우에는 일반적으로 직류측 회로를 비접지하고 있다. 또한, 통신용 전원에 사용할 경우에는 편단접지하는 경우가 있으므로, 통신기제조회사와의 협의가 필요하다.

그림 3-1 비접지 확인방법

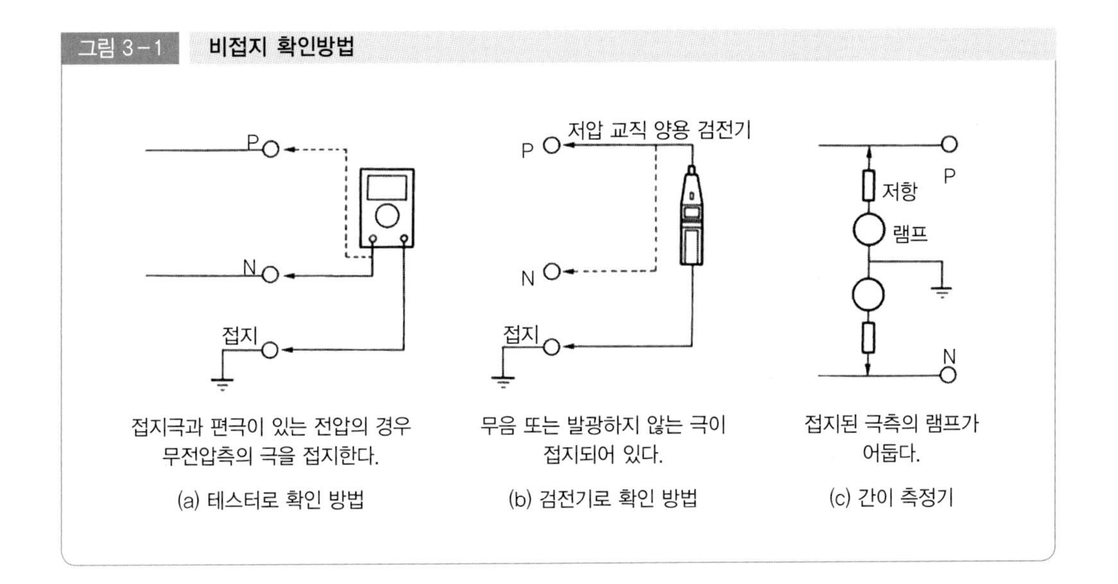

(a) 테스터로 확인 방법 (b) 검전기로 확인 방법 (c) 간이 측정기

4) **접지의 연속성 확인**

모듈의 구조는 설치로 인해 접지의 연속성이 훼손되지 않은 것을 사용해야 한다.

(2) 태양광발전시스템 시운전

① 태양광발전시스템의 시운전은 계량기의 봉인 후에 시작하며 가동순서는 주 전압을 켜고 DC전압을 연결하여 인버터 운전을 시작하게 된다. 모든 측정내용을 시운전 시 기록하게 된다. 인버터상의 표시장치 확인을 통해 운전상태의 파악이 가능하며 시스템이 적절하게 가능한지를 확인할 수 있다.

② 태양전지 어레이는 외부환경에 노출되고 수명은 25~30년인데 그 사이에 여러 가지 고장을 경험할 수 있으며 주기적인 관리와 점검을 통해 가동시간을 최대화할 수 있다.

③ 서비스 및 유지보수를 수행하기 위하여 유지관리지침서를 가지고 있을 필요가 있고, 좋은 시스템 관련문서를 유지보수 항목화하여 관리하는 것이 필요하다. 인버터 고장내용은 적어도 매일 점검하여야 한다. 이와 동시에 운전결과는 세밀히 읽어 메모하여 한 달에 한 번은 점검하여야 한다. 자동고장 및 통지기능이 있는 운전 데이터 감시는 이런 점에서 시스템 운영자의 업무를 보다 간단하게 한다. 태양광발전시스템에 있어 전력품질 및 공급의 안정성은 무엇보다 중요하며 이러한 측면에 태양광발전시스템의 전력품질의 기준과 이와 관련된 운전 및 관리가 매우 중요한 항목이 된다.

④ 태양광발전 설비가 계통전원과 공통 접속점에서의 전압을 능동적으로 조절하지 않도록 하며, 해당 수용가의 전압과 해당 발전설비로 인해 기타 수용가의 표본측정 지점에서의 전압이 표준전압에 대한 전압 유지범위를 벗어나지 않도록 하며, 만약 이 범위를 유지하지 못하는 경우 전력회사와 협의해 수용가의 자동전압 조정장치, 전용변압기 또는 전용선로 설치 등의 적절한 조치를 취해야 한다. 또한, 저압연계의 경우, 수용가에서 역조류가 발생했을 때 저압배전선 각부의 전압이 상승해 적정치를 이탈할 우려가 있으므로 해당 수용가는 다른 수용가의 전압이 표준전압을 유지하도록 하기 위한 대책을 실시하여야 하며, 전압상승 대책은 개개의 연계마다 계통 측 조건과 발전설비 측 조건을 고려해 전력회사와 협의하는 것이 기본이나, 개별협의기간 단축과 비용절감 측면에서 대책에 대해 표준화하여 두는 것이 바람직하다.

⑤ 특고압 연계 시에는 중 부하 시 태양광 발전원을 분리시킴으로써 기타 수용가의 전압이 저하될 수 있으며, 역조류에 의해 계통전압이 상승할 수 있다. 전압변동의 정도는 부하의 상황, 계통구성, 계통운용, 설치점, 자가용 발전설비의 출력 등에 의해 다르므로, 개별적인 검토가 필요하다. 전압변동 대책이 필요한 경우는 수용가는 자동전압 조정장치를 설치할 필요가 있으며, 대책이 불가능할 경우에는 배전선을 증강하거나 또는 전용선으로 연계하도록 한다.

(3) 연계용량에 따른 계통의 전기방식

분산형 전원의 전기방식은 연계하고자 하는 계통의 전기방식과 동일하게 함을 원칙으로 하며 분산형 전원의 연계용량에 따른 연계계통의 전기방식은 〈표 3-1〉에 의한다.

표 3-1 연계용량에 따른 계통의 전기방식

분산형 전원의 연계용량	연계계통의 전기방식
100kW 미만	교류 단상 220V 또는 교류 삼상 380V 중 기술적으로 타당하다고 한전이 정한 한 가지 전기방식
100kW 이상 20,000kW 미만	교류 삼상 22,900V

(4) 계통연계를 위한 동기화 변수 제한범위

한전계통에 병렬 연계 시 분산형 전원은 공통 연결점에서 일반적인 한전계통전압의 ±5% 수준을 초과하는 전압요동을 유발하지 않아야 한다.

표 3-2 계통연계를 위한 동기화 변수 제한범위

분산형 전원 정격용량 합계(kW)	주파수 차 (△f, Hz)	전압 차 (△V, %)	위상각 차 (△Φ, °)
0~500	0.3	10	20
500 초과 ~ 1,500	0.2	5	15
1,500 초과 ~ 20,000 미만	0.1	3	10

분산형 전원의 계통연계 또는 가압된 구내계통의 가압된 한전계통에 대한 연계에 대하여 병렬연계 장치의 투입 순간에 모든 동기화 변수들이 제시된 제한범위 내에 있으며, 만일 어느 하나의 변수라도 제시된 범위를 벗어날 경우에는 병렬연계 장치가 투입되지 않음을 입증하는 시험결과가 확인되어야 하며 한전계통이 가압되어 있지 않을 때 한전계통을 가압해서는 안 된다.

하나의 구내계통에서 단위 분산형 전원의 용량 또는 분산형 전원용량의 총합이 250kW 이상일 경우 분산형 전원 설치자는 분산형 전원 연결점에 연계상태, 유·무효전력 출력 및 전압을 감시하기 위한 설비를 갖추어야 한다.

전자기 장해로부터의 보호연계시스템은 전자기 장해환경에 견딜 수 있어야 하며, 전자기 장해의 영향으로 인하여 연계시스템이 오동작하거나 그 상태가 변화되어서는 안 되며 연계시스템은 서지를 견딜 수 있는 능력을 갖추어야 한다.

연계된 한전계통 선로의 고장 시 해당 한전계통에 대한 가압을 즉시 중지하여야 하며 분리시점은 해당 한전계통의 재폐로 시점 이전이어야 한다.

연계시스템의 보호장치는 각 선간전압의 실효값 또는 기본값을 감지해야 한다. 단, 구내계통을 한전계통에 연결하는 변압기가 Y-Y 결선 접지방식의 것 또는 단상 변압기일 경우에는 각 상전압을 감지해야 한다.

(5) 비정상 전압과 비정상 주파수에 대한 분산형 전원 분리시간

전압 중 어느 값이나 다음 표와 같은 비정상 범위 내에 있을 경우 분산형 전원은 해당 분리시간(clearing time) 내에 한전계통에 대한 가압을 중지하여야 한다.

표 3-3 비정상 전압에 대한 분산형 전원 분리시간

전압범위 [기준전압에 대한 백분율(%)]	분리시간(초)
V 〈 50	0.16
50 ≦ V 〈 88	2.00
110 〈 V 〈 120	1.00
V ≧ 120	0.16

표 3-4 비정상 주파수에 대한 분산형 전원 분리시간

분산형전원용량	주파수범위(㎐)	분리시간(초)
30㎾ 이하	〉 60.6	0.16
	〈 59.3	0.16
30㎾ 초과	〉 60.5	0.16
	〈 {57.0~59.8} (조정 가능)	{0.16~300} (조정 가능)
	〈 57.0	0.16

계통 주파수가 〈표 3-4〉와 같은 비정상 범위 내에 있을 경우 분산형 전원은 해당 분리시간 내에 한전계통에 대한 가압을 중지하여야 한다.

한전계통에서 이상발생 후 해당 한전계통의 전압 및 주파수가 정상범위 내에 들어올 때까지 분산형 전원의 재병입이 발생해서는 안 되며, 분산형 전원 연계 시스템은 안정상태의 한전계통전압 및 주파수가 정상범위로 복원된 후 그 범위 내에서 5분간 유지되지 않는 한 분산형 전원의 재병입이 발생하지 않도록 하는 지연기능을 갖추어야 한다.

분산형 전원 및 그 연계시스템은 분산형 전원 연결점에서 최대정격출력전류의 0.1%를 초과하는 직류전류를 계통으로 유입시켜서는 안 된다.

분산형 전원의 역률은 90% 이상으로 유지함을 원칙으로 한다. 다만, 역송병렬로 연계하는 경우로서 연계계통의 전압상승을 방지하기 위하여 기술적으로 불가피하다고 한전이 인정하는 경우에는 연계계통의 전압을 적절하게 유지할 수 있도록 분산형 전원 역률의 하한값을 최하 80%까지 범위 내에서 분산형 전원 설치자와 한전이 협의하여 정할 수 있다.

분산형 전원은 빈번한 기동 · 탈락 또는 출력변동 등에 의하여 한전계통에 연결된 다른 전기사용자에게 시각적인 자극을 줄만한 플리커나 설비의 오동작을 초래하는 전압요동을 발생시켜서는 안 된다.

분산형 전원의 연계로 인한 저압계통의 상시 전압변동률은 3%, 순시 전압변동률은 4%를 초과하지 않아야 하며 특고압 계통의 상시 전압변동률 및 순시 전압변동률은 각각 2%를 초과하지 않아야 한다.

분산형 전원의 계통의 전압변동이 범위를 벗어날 경우에는 해당 분산형 전원 설치자가 출력변동 억제, 기동 · 탈락 빈도 저감 등 전압변동을 저감하기 위한 대책을 실시하여야 한다.

(6) 보호장치 설치

특고압 연계의 경우 분산형 전원 연계에 의해 계통의 단락용량이 다른 분산형 전원 설치자 또는 전기사용자의 차단기 차단용량 등을 상회할 우려가 있을 때에는 해당 분산형 전원 설치자가 한류리액터 등 단락전류를 제한하는 장치를 설치한다. 분산형 전원 설치자는 고장발생 시 자동적으로 계통과의 연계를 분리할 수 있도록 다음의 보호계전기 또는 동등 이상의 기능을 가진 보호장치를 설치하여야 한다.

① 계통 또는 분산형 전원 측의 단락 · 지락 고장 시 보호를 위한 보호장치를 설치한다.

② 적정한 전압과 주파수를 벗어난 운전을 방지하기 위하여 과 · 저전압 계전기, 과 · 저주파수 계전기를 설치한다.

③ 단순병렬 분산형 전원의 경우에는 역전력 계전기를 설치한다.

④ 역송병렬 분산형 전원의 경우에는 단독운전 방지기능에 의해 자동적으로 연계를 차단하는 장치를 설치하여야 한다.

⑤ 보호장치는 접속점에서 전기적으로 가장 가까운 구내계통 내의 차단장치 설치점(보호배전반)에 설치함을 원칙으로 하되, 해당 지점에서 고장검출이 불가한 경우에는 고장검출이 가능한 다른 지점에 설치할 수 있다.

7. 발전형태별 점검사항

(1) 일상순시점검

일상순시점검은 다음에 제시된 요령에 의해 실시한다.

1) 배전반

NO	대상	점검개소	목 적	점검내용
1	외함	외부 일부 (문, 외함)	볼트 조임 이완	뒷커버 등 볼트의 조임이 이완되었거나 바닥에 떨어진 것은 없는지
			손상	문의 개폐상태는 이상이 없는지
				점검창 등의 패킹 등이 열화되어 손상은 없는지
			이상한 소리	볼트류 등의 조임이 이완되어 진동음은 없는지
			오손	점검창 등이 오손되어 내부가 잘 보이지 않는지
		명판	손상	조임이 이완되어 떨어진다든가 파손 및 선명하지 못한 부분은 없는지
		인출기구 조작기구	위치	인출기기의 접촉위치 및 단로위치는 정확한지
		반출기구 (고정장치)	위치	적당한 위치에 놓여 있는지

2	모선 및 지지물	모선 전반	이상한 소리	볼트류의 조임이 이완되어 진동음은 없는지
				코로나(CORONA) 방전에 의한 이상음은 없는지
			이상한 냄새	코로나(CORONA) 방전 또는 과열에 의한 이상한 냄새는 나지 않는지
3	주회로 인입 인출부	폐쇄 모선의 접속부	이상한 소리	볼트류의 조임이 이완되어 진동음은 없는지
		부싱 (BUSHING)	손상	균열, 파손은 없는지
			이상한 소리	코로나 방전 등에 의한 진동음은 없는지
		케이블 단말부 및 접속부, 케이블 관통부	이상한 소리	볼트류의 조임이 이완되어 진동음은 없는지
			이상한 냄새	코로나 방전 또는 과열에 의한 이상한 냄새는 나지 않는지
			손상	케이블 막이판의 떨어짐 또는 간격의 벌어짐은 없는지
			쥐, 곤충 등의 침입	침입의 흔적은 없는지
4	제어 회로의 배선	배선 전반	손상	가동부 등에 연결되는 전선의 절연피복 손상은 없는지
				전선 지지물이 떨어져 있는지
			이상한 냄새	과열에 의한 이상한 냄새는 없는지
5	단자대	외부 일반	조임의 이완	조임부의 이완은 없는지
			손상	절연물 등 균열, 파손은 없는지
6	접지	접지단자 접지선	손상	접지선의 부식 또는 단선은 없는지
			표시	표시 부착물이 떨어져 있지는 않은지

2) 내장기기·부속기기

NO	대 상	점검개소	목 적	점검내용
1	주회로용 차단기 GCB VCB ACB	외부 일반	이상한 소리	코로나 방전 등에 의한 이상한 소리는 없는지
			이상한 냄새	코로나 방전 또는 과열에 의한 이상한 냄새는 나지 않는지
			누출	GCB의 경우 가스누출은 없는지
		개폐 표시기 개폐 표시등	지시표시	표시는 정확한지
		개폐 도수계	표시	기계적인 수명회수에 도달하여 있지는 않는지
2	배선차단기 누전차단기	외부 일반	이상한 냄새	과열에 의한 이상한 냄새는 없는지
		조작장치 조작장치	표시 표시	동작상태를 표시하는 부분이 잘 보이는지
				개폐기구의 핸들과 표시등의 상태는 올바른지

3	단로기	외부 일반	이상한 소리	코로나 방전에 의한 이상한 소리는 없는지
			이상한 냄새	코로나 방전 또는 과열에 의한 이상한 냄새는 나지 않는지
			누출	절연유를 내장한 부하개폐기의 경우 기름의 누출은 없는지
		개폐 표시기 개폐 표시등	지시표시	표시는 정확한지
4	변성기	외부 일반 외부 일반	이상한 소리	코로나 방전에 의한 이상한 소리는 없는지
			이상한 냄새	코로나 방전에 의한 이상한 냄새는 나지 않는지
5	변압기 리액터	외부 일반	이상한 소리	코로나 등에 의한 이상한 소리는 없는지
			이상한 냄새	코로나 방전 또는 과열에 의한 이상한 냄새는 없는지
			누출	절연유의 누출은 없는지
		온도계	지시표시	지시는 소정의 범위 내에 들어가 있는지
		유면계 가스압력계	지시표시	유면은 적당한 위치에 있는지 가스의 압력은 규정치보다 낮지 않은지(질소봉입의 경우)
6	주회로용 퓨즈	외부 일반	손상	퓨즈통, 애자 등의 균열, 파손 및 변형은 없는지
			이상한 소리	코로나 방전에 의한 이상한 소리는 없는지
			이상한 냄새	코로나 방전 또는 과열에 의한 이상한 냄새는 나지 않는지

(2) 정기점검사항

정기점검은 다음과 같이 실시한다.

1) 배전반

NO	대 상	점검개소	목 적	점검내용	비 고
1	외함	외부 일반 (문, 외함)	볼트의 조임 이완	볼트류의 조임 이완 및 바닥에 떨어진 것은 없는지	
			손상	패킹류의 열화 손상은 없는지	
			오손	반내에 비의 침투 또는 결로가 일어난 흔적은 없는지	특히, 주회로 절연물의 상황에 주의
			환기	환기구의 필터 등이 떨어져 있지 않은지	
			설치	바닥의 이상침하 또는 융기에 의한 경사 및 균형의 뒤틀림은 없는지	차단기와 주회로 단로부에 영향이 없는지 주의

<table>
<tr><td rowspan="9">1</td><td rowspan="9">외함</td><td rowspan="2">문</td><td>볼트의 조임 이완</td><td>경첩, 스토퍼(Stopper) 등의 볼트의 조임 이완은 없는지</td><td></td></tr>
<tr><td>동작</td><td>• 손잡이는 확실히 동작하는지
• 문 쇄정장치의 동작은 정확한지</td><td></td></tr>
<tr><td rowspan="2">격벽</td><td>볼트의 조임 이완</td><td>볼트류의 조임 이완 및 바닥에 떨어진 것은 없는지</td><td></td></tr>
<tr><td>손상</td><td>변형 또는 파손은 없는지</td><td></td></tr>
<tr><td rowspan="5">주회로 단자부 (접지접촉 단자 포함)</td><td>볼트의 조임 이완</td><td>볼트류의 조임 이완 및 바닥에 떨어진 것은 없는지</td><td></td></tr>
<tr><td>손상</td><td>부싱, 전선 등이 파손, 단선 및 변형은 없는지</td><td></td></tr>
<tr><td>접촉</td><td>접촉 상태는 양호한지</td><td rowspan="2">접촉부의 접점은 그리스를 칠한다</td></tr>
<tr><td>변색</td><td>도체의 과열에 의한 변색은 없는지</td></tr>
<tr><td>오손</td><td>이물질 또는 먼지 등이 부착되지 않았는지</td><td></td></tr>
<tr><td rowspan="13">2</td><td rowspan="13">배전반</td><td rowspan="3">제어회로 단자부</td><td>볼트의 조임 이완</td><td>가동, 고정 측의 볼트 조임의 이완은 없는지</td><td></td></tr>
<tr><td>손상</td><td>플러그, 전선 등의 파손, 단선 변형 등은 없는지</td><td></td></tr>
<tr><td>접촉</td><td>접촉 상태는 양호한지</td><td></td></tr>
<tr><td rowspan="2">셔터</td><td>손상</td><td>볼트류의 조임 이완에 의한 변형 및 바닥에 떨어져 있지는 않은지</td><td></td></tr>
<tr><td>동작</td><td>동작은 확실한지</td><td></td></tr>
<tr><td>리미트 스위치</td><td>손상</td><td>레버 또는 본체의 파손, 변형은 없는지</td><td></td></tr>
<tr><td rowspan="3">인출기구 (차단기, 유니트 등)</td><td>볼트의 조임 이완</td><td>• 볼트류의 조임 이완에 의한 변형 및 탈락은 없는지
• 위치표시 명판의 변형, 떨어짐은 없는지</td><td>차단기와 연동관계를 주의할 것</td></tr>
<tr><td>손상</td><td>레일 또는 스토퍼(Stopper)의 변형은 없는지</td><td></td></tr>
<tr><td>동작</td><td>인출기기가 정해진 위치에 이동하는지</td><td></td></tr>
<tr><td rowspan="2">기구조작 (단로기 등)</td><td>볼트의 조임 이완</td><td>볼트류의 조임 이완에 의한 변형 및 탈락은 없는지</td><td></td></tr>
<tr><td>농작</td><td>동작은 확실한지</td><td></td></tr>
<tr><td rowspan="2">명판과 표시물</td><td>손상</td><td>볼트류의 조임 이완에 의한 변형 및 파손, 바닥에 떨어져 있지는 않은지</td><td></td></tr>
<tr><td>오손</td><td>먼지 등의 부착 또는 오손에 의하여 잘 보이지 않는 부분은 없는지</td><td></td></tr>
</table>

3	모선 및 지지물	모선전반	볼트의 조임 이완	볼트류의 조임 이완에 의한 변형 및 파손, 바닥에 떨어져 있지는 않은지	
			손상	애자 등의 균열, 파손, 변형은 없는지	
			변색	과열에 의한 접속부 또는 절연물의 변색은 없는지	
		애자 · 부싱 절연 지지물	손상	애자 등의 균열, 파손 변형은 없는지	
			변색	과열에 의한 절연물의 변색은 없는지	
			오손	이물질이나 먼지 등이 부착되어 있지 않은지	
		플렉시블 모선	손상	단선이나 꺾여져 있는 부분은 없는지	
			변색	표면에 특이할 만한 변색은 없는지	
4	주회로 인입 인출부	폐쇄 모선의 접속부	볼트의	볼트류의 조임 이완 및 바닥에 떨어져 있지는 않은지	
			손상	옥외용 패킹류의 열화는 없는지	
			변색	과열에 의한 접속부 또는 절연물의 변색은 없는지	
		부싱	볼트의 조임 이완	볼트류의 조임 이완은 없는지	
			손상	절연물의 균열, 파손은 없는지	
			변색	과열에 의한 접속부 또는 절연물의 변색은 없는지	
			오손	이물질 또는 먼지의 부착이 많은지	
		케이블 단말부 또는 접속부	볼트의 조임 이완	볼트류의 조임 이완은 없는지	
			손상	절연테이프 등이 벗겨져 손상은 없는지	
			콤파운드의 떨어짐	콤파운드 등이 떨어져 있지는 않은지	
			오손	이물질 또는 먼지의 부착은 없는지	
5	배선	전선 일반	볼트의 조임 이완	접속부 등의 볼트조임 이완은 없는지	
			손상	가동부 등에 연결되는 전선의 절연부 손상은 없는지	
			변색	절연물의 과열에 의한 변색은 없는지	
		전선 지지대	손상	• 배선닥트 속배선 밴드 등이 파열에 의한 손상은 없는지 • 전선 지지대가 떨어져 있는 것은 아닌지 • 과열 또는 경년열화 등에 의한 변형, 탈락은 없는지	
			오손	먼지 등이 부착되어 잘 보이지 않는 부분은 없는지	

6	단자대	외부 일반	볼트의 조임 이완	단자부의 볼트 조임의 이완은 없는지	
			손상	절연물의 균열, 파손은 없는지	
			변색	과열에 의한 절연물의 변색은 없는지	
			오손	단자부에 오손 및 이물의 부착은 없는지	
7	접지	접지단자 접지선	볼트의 조임 이완	접속부에 볼트조임이 이완없이 확실히 접지되어 있는지	
		접지모선	오손	단자부의 오손 및 이물이 부착되어 있지는 않은지	
8	장치 일반	절연저항 측정	접촉 저항치	주회로 및 제어 회로의 절연저항은 설치 시에 측정치와 측정조건을 기록, 정기점검 시 항목별로 기록한다. - 고압회로 : 1000V메가 사용 - 저압회로 : 500V메가	
		절연저항 측정	절연 저항치	측정하고 절연물을 마른 수건으로 청소한다.	
		제어회로	회로의 정상 동작	• PT, CT로부터 전압, 전류가 정상적으로 공급되는가를 절연개폐기로 확인한다. • 제어개폐기에 의한 조작시험기기가 정상적으로 동작하는가를 제어개폐기를 조작함으로써 개폐기 동작에 따른 상태 표시를 확인한다. • 계전기로서 동작확인 계전기 주 접점을 동작시킴으로서 차단기가 차단되는가를 시험하고 개폐표시 등 및 고장 표시기가 정상적으로 동작하는가를 확인한다. 또한 계전기 자체의 고장표시기 및 보조 접촉기의 동작을 확인한다.	
		인터록	전기적, 기계적	인터록 상호 간을 제어회로에 따라서 조건을 만족하는가를 확인한다.	
			동자 확인	인터록 기구에 대해서 동작을 확인한다.	
				리미트 스위치 등의 이상은 없는지	

2) 내장기기·부속기기

각 기기의 점검 간격 및 분해, 조정 등이 필요한 경우에는 각 기기의 취급설명서를 참조한다.

No	대상	점검개소	목적	점검내용
1	주회로용 차단기	외부 일반	볼트의 조임 이완	주회로 단자부의 볼트류의 조임 이완은 없는지
			손상	절연물 등의 균열, 파손, 변형은 없는지
			변색	단자부 및 접촉부의 과열에 의한 변색은 없는지
			오손	절연애자 등에 이물질, 먼지 등이 부착되어 있지 않은지
			누출	• 진공도가 저하되지는 않았는지 • 가스압은 저하되지 않았는지
			마모	접점의 마모는 어떤지(외부에서 판정할 수 있는 부분)
		개폐표시기 개폐표시등	동작	정상적으로 동작하는지
		개폐도수계	동작	정상적으로 동작하는지
		조작장치	손상	• 스프링 등에 녹 발생, 파손, 변형은 없는지 • 각 연결부, 핀의 구부러짐, 떨어짐은 없는지 • 코일 등의 단선은 없는지
			주유	주유상태는 충분한지
		저압 조작회로	볼트의 조임 이완	제어회로 단자부의 볼트류의 조임 이완은 없는지
			손상	제어회로의 플러그의 접촉은 양호한지
2	배선용 차단기	외부 일반	볼트의 조임 이완	단자부의 볼트류의 조임 이완은 없는지
			손상	절연물 등의 균열, 파손, 변형은 없는지
			변색	단자부 및 접촉부의 파열에 의한 변색은 없는지
			오손	절연물에 이물질 또는 먼지 등이 부착되어 있지 않은지
		조작장치	동작	개폐동작은 정상인지
			지시 표시	개폐표시는 정상인지
3	단로기 교류	외부 일반	볼트의 조임 이완	주회로 단자부의 볼트 조임 이완은 없는지

	부하 개폐기		손상	• 절연물 등의 균열, 파손 및 변형은 없는지 • 조작레버 등에 손상은 없는지 • 스프링 등에 녹 발생, 파손, 변형은 없는지
			변색	단자부의 접촉에 의한 변색은 없는지
			오손	절연애자 등에 이물질, 먼지 등이 부착되어 있지는 않은지
			누출	유입개폐기의 경우 절연유의 누출은 없는지
		주접촉부	볼트의 조임 이완	• 자력접촉의 경우 고정접점이 저절로 열리는 경우는 없는지 • 타력접촉의 경우 스프링 등에 탄력성이 있는지
		조작장치	접촉	접점이 거칠어지지는 않았는지
			손상	• 기중부하 개폐기의 경우 소호실에 이상은 없는지 • 스프링 등에 녹 발생, 파손이나 변형은 없는지 • 각 연결부, 핀의 구부러짐, 떨어짐은 없는지
			동작	• 클램프 등의 연결부는 정상인지 • 투입, 개폐가 원활한지
			주유	주유상태는 충분한지
			지시표시	개폐표시는 정상인지
		저압 조작회로	볼트의 조임 이완	• 단자부의 볼트 조임 이완은 없는지 • 열리는 경우는 없는지
		안전점검	동작	후크(Hook) 조작의 경우 단로기의 개로상태에서 크러쉬(Crush)는 확실한지
4	변성기	외부 일반	볼트의 조임 이완	단자부의 볼트류의 조임 이완은 없는지
			손상	• 절연물 등에 균열, 파손, 손상은 없는지 • 철심에 녹의 발생 손상은 없는가(외부에서 판정이 가능한 경우에만 적용)
			변색	부싱 단자부에 변색은 없는지
			오손	부싱 등에 이물질 및 먼지 등이 부착되어 있지 않은지
5	변압기	외부 일반	볼트의 조임 이완	단자부의 볼트류의 조임 이완은 없는지
			손상	• 부싱 등의 균열, 파손, 변형은 없는지 • 유온계, 온도계의 파손은 없는지 • 건식의 경우 코일, 절연물의 손상은 없는지
			변색	건식의 경우 코일, 절연물의 과열에 의한 변색은 없는지
			누출	유입형의 경우 기름은 누출되지 않았는지
			오손	부싱 등에 이물질, 먼지 등이 부착되어 있지 않은지

		유면계 가스압력계	지시 표시	• 유면은 적절한 위치에 있는가(유입형의 경우) • 질소 봉입의 경우 가스압력이 떨어지지 않았는지
		온도계	지시 표시	지시표시는 정상인지
			동작	경보회로는 정상인지
		냉각팬	오손	필터는 막히지 않았는지
			동작	동작은 정상인지
			주유	주유는 정상인지
			운전상태	자동운전의 경우는 운전상태를 확인한다.
6	주회로용 퓨즈	외부 일반	볼트의 조임 이완	단자부의 볼트류 및 접촉부에 조임의 이완은 없는지
			손상	퓨즈통, 애자 등에 균열, 변형은 없는지
			변색	퓨즈통, 퓨즈홀더의 단자부에 변색은 없는지
			오손	애자 등에 이물질, 먼지 등이 부착되어 있지는 않은지
			동작	단로기 타입은 개폐조작에 이상은 없는지
7	피뢰기	외부 일반	볼트의 조임 이완	단자부의 볼트류의 조임 이완은 없는지
			손상	• 애자 등의 균열, 파손, 변형은 없는지 • 리드선 단자 등에 손상은 없는지
			오손	애자 등에 이물질, 먼지 등이 부착되지 않았는지
			방전 흔적	내부 콤파운드의 분출, 밀봉금속 뚜껑 등의 파손, 팽창, 섬락(Flash Over) 등의 흔적은 없는지
8	전력용 콘덴서	외부 일반	볼트의 조임 이완	단자부의 볼트류의 조임 이완은 없는지
			손상	부싱부의 균열, 파손이나 외함의 변형은 없는지
			변색	부싱, 단자부 등의 과열에 의한 변색은 없는지
			오손	부싱부의 이물질, 먼지 등의 부착은 없는지
9	지시 계기	외부 일반	볼트의 조임 이완	단자부의 볼트류의 조임 이완은 없는지
			손상	부싱부의 균열, 파손이나 외함의 변형은 없는지
			오손	이물질, 먼지 등의 부착은 없는지
			지시 표시	영점 조정은 잘 되어 있는지
		기계부	손상	스프링류에 녹의 발생, 파손, 변형은 없는지
			동작	• 제동장치의 마찰에 의한 접촉은 없는지 • 축수의 헐거움 · 편심은 없는지
		부속기구	손상	분류기, 배율기, 보조 CT 등의 소손, 단선은 없는지
		기록부	동작	팬의 구동, 기록지의 감김은 정상인지
		기록지	잔량	잉크, 기록지의 잔량은 적정한지

10	계전기	외부 일반	볼트의 조임 이완	• 단자부의 볼트 이완은 없는지 • 납땜부의 떨어짐은 없는지
			손상	• 패킹류의 떨어짐은 없는지 • 커버의 파손은 없는지
			오손	이물질, 먼지 등의 접착은 없는지
		접점부 도전부	손상	• 접점 표면이 거칠어지지는 않았는지 • 혼촉, 단선, 절연파괴는 없는지 • 코일의 소손, 중간단락, 절연파괴는 없는지
			접촉	• 접점의 접촉상태는 양호한지 • 테스트 플러그를 빼는 경우 CT 2차회로가 개방은 되지 않는지
		기계부	동작	• 가동부의 회전장치, 표시기 등의 동작 복귀는 정상인지 • 기어의 마찰에 의한 헐거움은 없는지 • 회전부에 덜거덕거림은 없는지
		정정부	볼트의 조임 이완	정정탭은 흔들리지 않는지
			정정	정정탭, 정정래버 등은 정확한지
11	조작 개폐기 절연 개폐기	외부 일반	볼트의 조임 이완	단자부의 볼트 조임 이완은 없는지
			손상	• 절연물 등의 균열, 파손, 변형은 없는지 • 스프링 등에 녹이 슬었거나 파손, 변형은 없는지
			동작	• 개폐동작은 정상인지 • 로커 기구, 잔류접점 기구는 정상인지
			지시표시	손잡이 등의 표시는 정상인지
		냉각팬	손상	접점에 손상은 없는지
12	표시등 표시기 경보기	외부 일반	볼트의 조임 이완	단자부의 볼트 조임 이완은 없는지
			동작	동작, 점멸은 정상인지
		부속저항기 부속 변압기	변색	단자부 등에 과열에 의한 변색은 없는지
			위치	발열부에 제어배선이 접근하여 있지 않은지
13	시험용 단자	외부 일반	헐거움	단자부에 헐거움은 없는지
			접촉	접촉상태는 양호한지
			손상	절연물 등에 균열, 파손, 변형은 없는지
14	제어 회로용 저항기 히터	외부 일반	헐거움	단자부에 헐거움은 없는지
			변색	단자부에 과열에 의한 변색은 없는지
			위치	발열부에 제어배선이 접근하여 있지 않은지

15	고압 전자 접촉기	외부 일반	헐거움	주회로 단자부에 볼트류의 헐거움은 없는지
			손상	절연물 등의 균열, 파손, 변형은 없는지
			변색	단자부 및 접촉부 과열에 의한 변색은 없는지
			오손	절연애자 등에 이물질이나 먼지 등이 부착되어 있지는 않은지
			누출	진공접촉기의 경우 진공도가 떨어져 있지는 않은지
		주접촉부	손상	• 접점이 거칠어지지는 않았는지 • 소호실에 이상은 없는가(기중 접촉기의 경우)
		개폐표시기 개폐표시등	동작	정상적으로 동작하는지
		개폐 도수계	동작	정상적으로 동작하는지
		조작장치	손상	• 스프링 등에 발청, 파손, 변형은 없는지 • 연결부 핀의 부러짐, 탈락은 없는지 • 전자석에 이상음은 없는지
			동작	보조개폐기는 정상인지
			주유	주유는 충분한지
		저압 조작회로	헐거움	제어회로 단자부에 볼트의 헐거움은 없는지
			접촉	저압 조작회로의 플러그의 접촉은 양호한지
16	저압 전자 접촉기	외부 일반	헐거움	단자부의 볼트류의 헐거움은 없는지
			손상	절연물 등의 균열, 파손, 변형은 없는지
			변색	단자부 및 접촉부의 과열에 의한 변색은 없는지
			오손	절연물 등에 이물질이나 먼지 등이 부착되어 있지는 않은지
		주접촉부	오손	• 접점의 거칠어짐은 없는지 • 소호실에 이상은 없는지
		조작장치	동작	개폐동작은 정상인지
			지시표시	개폐표시는 정상인지
			손상	스프링의 발청, 파손, 변형은 없는지
17	제어 회로용 퓨즈	외부 일반	헐거움	단자부에 헐거움은 없는지
			동작	용단되어 있지는 않은지
		명판	볼트의 조임 이완	지정된 형식, 정격의 퓨즈가 사용되고 있는지
18	부속 기기	냉각팬	오손	필터, 환기구의 오손 및 떨어져 있지는 않은지
19	반외 부속 기기	인출장치	동작	• 동작은 확실한지 • 와이어의 인양장치 동작은 정상인지
		후크봉 각종 조작핸들 테스트 플러그 제어 점퍼	손상	심한 파손 변형은 없는지

20	예비품	표시등 퓨즈류	손상	파손, 변형, 단선은 없는지
			수량	소정의 수량이 있는지
		기타	품목	각각의 제품별로 매회 예비품으로 책정한 수량과 예비품 표와 비교한다.

8. 처 리

(1) 일상정기점검에 의한 처리

1) 청 소

① 공기를 사용하는 경우에는 흡입방식으로 하며, 토출방식의 경우에는 공기의 습도, 압력에 주의한다.

② 문, 커버 등을 열기 전에는 배전반 상부의 먼지나 이물질은 제거한다.

③ 절연물은 충전부 간을 가로지르는 방향으로 청소한다.

④ 청소걸레는 화학적으로 중성인 것을 사용하고 섬유 올이 풀린다든지, 습기 등에 주의한다.

2) 볼트의 조임(모선)

모선의 접속부분은 아래 방법에 따라서 시행한다.

① 조임방법 : 조임의 경우에는 지정된 재료, 부품을 정확히 사용하고 다음 3가지 점에 유의하여 접속한다.

㉮ 볼트의 크기에 맞는 토크렌치(Torque Wrench)를 사용하여 규정된 힘으로 조여준다.

㉯ 조임은 너트를 돌려서 조여준다.

㉰ 2개 이상의 볼트를 사용하는 경우 한쪽만 심하게 조이지 않도록 주의한다.

볼트의 크기	힘(kg/㎠)
M6	50
M8	120
M10	240
M12	400
M16	850

② 접속방법

③ 조임의 확인 : 조임 토크렌치가 부족할 경우 또는 조임작업을 하지 않은 경우에는 사고가 일어날 위험이 있기 때문에 토크렌치에 의하여 규정된 힘이 가해졌는지를 확인할 필요가 있다.

3) 볼트의 조임(구조물)

구조물을 볼트조임을 하는 경우 아래의 토크(Torque) 값을 참조한다. 단, 절연물의 경우 이러한 토크 값과는 다르다.

볼트의 크기	TORQUE(kg/㎠)	볼트의 크기	TORQUE(kg/㎠)
M3	7	M8	135
M4	18	M10	270
M5	35	M12	480
M6	58	M16	1,180

4) 절연물의 보수

① 자기성 절연물에 오손 및 이물질이 부착된 경우에는 '1) 청소'에 의하여 청소한다.

② 합성수지 적층판, 목재 등이 오래되어 헐거움이 발생되는 경우에는 '(2) 부품교환'에 의해 부품을 교환한다.

③ 절연물에 균열, 파손, 변형이 있는 경우에도 '(2) 부품교환'에 의해 부품을 교환한다.

④ 절연물의 절연저항이 떨어진 경우에는 종래의 데이터를 기초로 하여 계열적으로 비교 · 검토한다. 동시에 접속되어 있는 각 기기 등을 체크하여 원인을 규명하고 처리한다.

⑤ 절연저항치는 온도, 습도 및 표면의 오손상태에 따라 크게 영향을 받기 때문에 양부의 판정은 어렵지만 다음의 값을 참조한다.

㉠ 배전반

- 온도 20℃, 상대습도 65%, 반 5면 일괄
- 고압회로 : 5MΩ 이상 (각상 일괄 – 대지 간) 저압회로

사용전압의 구분		절연저항치
300V 이하	대지전압이 150V 이하	0.1MΩ
	그 외	0.2MΩ
300V 초과, 600V 이하		0.4MΩ

㉡ 주회로 차단기, 단로기(교류부하 개폐기 포함) 절연저항의 참고치는 다음과 같다.

구 분	절연저항치(MΩ)	절연저항계
주도전부	500 이상	1,000V
저압 제어회로	2 이상	500V

㉢ 변성기 : 절연저항의 참고치는 다음과 같다.

• 유입형의 경우

주위온도(℃)	20	30	40
1차권선과 2차권선 외함 일괄	500MΩ	250MΩ	130MΩ
2차 권선과 외함		2MΩ	

• 몰드형의 경우

주위온도(℃)	20	30	40
1차권선과 2차권선 외함 일괄	200MΩ	100MΩ	50MΩ
2차 권선과 외함		2MΩ	

㉣ 변압기 : 절연저항의 참고치는 다음과 같다.

• 유입형의 경우

회로전압	측정개소	온 도 (℃)				
		20	30	40	50	60
22kV 이상	1차권선과 2차권선	300	150	70	40	25
22kV 미만	철심(대지) 간(MΩ)	250	120	60	40	25
-	2차권선과 1차권선, 철심(대지) 간(MΩ)		-			5

• 건식의 경우

전 압 (kV)	1 이하	3	6	10	20
절연저항(MΩ)	5	20	20	30	50

5) 전압의 범위와 표준주파수 및 허용오차

표준전압	허용오차
110볼트	110볼트의 상하로 6볼트 이내
220볼트	220볼트의 상하로 13볼트 이내
330볼트	330볼트의 상하로 38볼트 이내

(2) 부품교환

① 부품교환 시에는 형식 및 기능을 충분히 조사한다.

② 부품교환 시에는 접속이 물리지 않도록 하며, 볼트조임 등을 잊어버리지 않도록 주의한다.

③ 조정 설정이 필요한 부품은 교환 후 확실히 설정한다.

④ 납땜작업 등은 숙련자가 하도록 한다.

3 모니터링 데이터를 이용한 유지보수 방법

1. 태양광발전 모니터링 시스템

(1) 태양광발전 모니터링 시스템 개요

태양광발전 모니터링 시스템은 태양광발전 설비 설치 및 응용프로그램 설치에 관해 적용하며, 전기설비에서의 스마트 기능을 볼 수 있는 모듈, 부품별 이상 유무 상태, 부품에 걸리는 전위차 측정, 사용전압, 정격전압, 전류, 사용전력량, 역률의 자동계측, 경보, 알람, 상태기록, Log 파일 저장 등을 행함으로서 효율적인 전기설비의 관리와 에너지 절감을 도모하기 위한 태양광발전 설비의 감시제어 역할을 수행한다. 또한 인버터로부터 전송된 태양광발전의 전기적 특성의 데이터를 TCP/IP 통신 인터페이스 장치에 연결하여 모니터링용 컴퓨터에 실시간 데이터를 전송하며, 전송된 데이터는 해당 데이터베이스에 저장하여 실시간 화면에 표현하고, 평균데이터를 저장하여 일별, 월별 모니터링 자료검색 데이터로 기본 지원하며, 태양광 어레이의 상태 및 접속반의 부품과 소자들의 이상 유무를 즉시 모니터할 수 있게 지원한다.

(2) 태양광발전 모니터링 시스템 구성요건

태양광발전 설비 원격 차단 및 운전상태 감시장치의 구성은 태양전지 지지대 부위에 온도계 2개소, 일사량 2개소의 군별 센서를 연결하여 태양전지 접속반을 통하여 인버터 메인 통신부위에 기후조건에 대한 신호를 송출한다. 인버터의 통신보드 내에서는 태양광발전에 대한 발전량, 전압, 전류, 주파수, 역률 등 전기적 특성을 메인 컴퓨터에 각종 데이터를 보내 감시 및 측정하도록 하고, 원격지에서도 LAN 또는 모뎀을 통해 감시 및 측정을 할 수 있도록 구성하여 태양광발전 설비의 이상 유무를 판단, 고장 발생 시 원격지에서 고장부위의 신속한 파악을 통해 이에 긴급 대처할 수 있도록 시스템을 구성하는 것이 바람직하다.

(3) 태양광발전 모니터링 시스템 구성요소

① 시스템 구성

② 사용환경 (온도 -5℃~40℃, 습도 45~85%)

③ 운영체제 및 성능
④ 시스템 기능
⑤ 원격차단
⑥ 채널 모니터 감시
⑦ 동작상태 감시
⑧ 계통 모니터 감시
⑨ 그래프 감시 (일보1)
⑩ 일일발전현황 (일보2)
⑪ 월간발전현황 (월보1)
⑫ 월간 시간대별 발전현황 (월보2)
⑬ 이상 발생기록 화면
⑭ 기타사항
⑮ 운전상태 감시 및 측정
⑯ 감시화면 구성 등

(4) 태양광발전 모니터링 프로그램 기능

① 데이터 수집기능

각각의 인버터에서 서버로 전송되는 데이터는 데이터 수집 프로그램에 의하여 인버터로부터 전송받아 데이터를 가공 후 데이터베이스에 저장한다. 10초 간격으로 전송받은 데이터는 태양전지 출력전압, 출력전류, 인버터상 각상전류, 각상전압, 출력전력, 주파수, 역률, 누적전력량, 외기온도, 모듈표면온도, 수평면일사량, 경사면일사량 등 각각의 데이터로 분리하고, 데이터베이스의 실시간 테이블 형식에 맞도록 데이터를 수집한다.

② 데이터 저장기능

데이터베이스의 실시간 테이블 형식에 맞도록 수집된 데이터는 데이터베이스에 실시간 테이블로 저장되며, 매 10분마다 60개의 저장된 데이터를 읽어 산술평균값을 구한 뒤 10분 평균값으로 10분 평균데이터를 저장하는 테이블에 데이터를 저장한다.

③ 데이터 분석기능

데이터베이스에 저장된 데이터를 표로 작성하여 각각의 계측요소마다 일일평균값과 시간에 따른 각 계측값의 변화를 알 수 있도록 표의 테이블 형식으로 데이터를 제공한다.

④ 데이터 통계기능

데이터베이스에 저장된 데이터를 일간과 월간의 통계기능을 구현하여 엑셀에서 지정날짜 또는 지정월의 통계 데이터를 출력한다.

2. 모니터링 설비 설치기준

(1) 설비 해당 여부에 대한 기준

모니터링 설비의 경우 50kW 이상의 발전설비에 대해 의무적으로 설치하도록 하였다.

(2) 모니터링 설비 요구사항

의무적으로 설치해야 하는 모니터링 설비는 다음의 사항에 따라 설치하여야 한다.

1) 설비요건

모니터링 설비의 계측설비는 다음의 표를 만족하도록 설치하여야 한다.

표 3-5 계측설비별 요구사항

계측설비	요구사항	확인방법
인버터	CT 정확도 3% 이내	• 관련 내용이 명시된 설비 스펙 제시 • 인증 인버터는 면제
온도센서	정확도 ±0.3℃(－20~100℃) 미만	• 관련 내용이 명시된 설비 스펙 제시
	정확도 ±1℃(100~1,000℃) 이내	
유량계, 열량계	정확도 ±1.5% 이내	• 관련 내용이 명시된 설비 스펙 제시
전력량계	정확도 1% 이내	• 관련 내용이 명시된 설비 스펙 제시

2) 모니터링 항목 및 측정항목

상기 표의 요건을 만족하여 측정된 에너지 생산량 및 생산시간을 누적으로 모니터링하여야 한다.

표 3-6 측정 및 모니터링 항목

구 분	모니터링 항목	데이터(누계치)	측정항목
태양광, 풍력 수력, 폐기물 바이오	일일발전량(kWh)	24개(시간당)	• 인버터 출력
	생산시간(분)	1개(1일)	

(3) 접속방법 및 설비요건

모니터링 설비는 아래 표의 3가지 방법 중에서 선택 · 설치하여 중앙서버에 데이터를 전송해야 하며, 소유주(기관)의 요청에 따라 별도로 구성하는 로컬 모니터링은 중앙서버로의 전송에 방해가 되지 않는 한도 내에서 임의로 구성할 수 있다.

1) 모니터링 시스템 접속방법 및 구성

모니터링 설비는 다음과 같은 방법으로 구성한다.

표 3-7 모니터링 시스템 접속방법 및 구성

접속방법	접속설비 및 구성	비 고
계측설비 (전송기능 내장)	계측설비 → 중앙서버	• 부속서에 명시된 기능 및 요구 사항을 만족 • 중앙서버로 전송할 수 있는 별도 통신포트를 사전에 확보
로컬서버 (PC 포함)	로컬서버 → 중앙서버	
외장형 전송설비	계측설비 → 전송설비 → 중앙서버	• 부속서에 명시된 기능 및 요구 사항을 만족 • 중앙서버로 전송할 수 있는 별도 통신포트 사전에 확보 • 전송설비와 호환성을 갖는 계측 설비 선정

표 3-8 계측설비별 요구사항

계측설비	요구사항	확인방법
인버터	CT 정확도 3% 이내	• 관련 내용이 명시된 설비 스펙 제시 • 인증 인버터는 면제
온도센서	정확도 ±0.1℃(−20~80℃) 이내	• 관련 내용이 명시된 설비 스펙 제시
전력량계	정확도 1% 이내	• 관련 내용이 명시된 설비 스펙 제시

2) 측정위치 및 전송항목

다음의 요건을 만족하여 측정된 에너지 생산량 및 생산시간은 익일 예정된 시간에 중앙서버로 전송해야 한다.

표 3-9 측정위치 및 전송항목

구 분	전송항목	전송데이터	측정위치 및 항목
태양광	일일발전량(kWh)	24개(시간당)	• 인버터 출력
	생산시간(분)	1개(1일)	

3) 데이터 송수신 연결상태 확인

계측설비(전송장치 내장) 또는 전송설비에 컴퓨터에 연결하여 점검한 결과를 센터의 설치확인 담당자에게 송부하면 모니터링 설비 설치확인은 완료된다.

표 3-10 연결상태 확인내용

구 분	확인내용
통신 ID	• 통신 ID는 센터 담당자가 전송설비 제조사별로 할당 • 설치확인 신청서에 입력한 ID와 전송설비 ID의 동일 여부 확인
데이터 송수신	• 명시한 데이터를 중앙서버에 송신했다가 다시 받아 원본과 동일함을 확인 • 미리 설정한 시간에 데이터를 전송하는지 여부를 확인

3. 모니터링 시스템의 설치

(1) 감시 및 원격 중앙감시 소프트웨어의 구성

태양광발전시스템의 동작상태, 고장발생 유무, 시스템 종합점검 등을 위하여 아래의 사항을 감시 및 측정할 수 있도록 소프트웨어를 구성하여야 한다.

1) 채널 모니터 감시화면

각종 부위의 측정치를 순 시간으로 확인할 수 있도록 실측지를 화면에 표시할 수 있도록 디자인 및 시퀀스를 개발 적용한다.

2) 동작상태 감시화면

인버터의 전기적 출력의 최대 최소 범위를 입력시켜 이 범위를 벗어나면, 각 설비의 그래프 상에서 적색으로 표시하고, 정상 시에는 녹색으로 표현하여 전 시스템의 운전상황의 이상 유무를 파악할 수 있도록 디자인 및 시퀀스를 개발 적용한다.

3) 계통 모니터 감시화면

각종 부위의 측정치를 순 시간으로 확인할 수 있도록 시스템 계통도를 디자인하여 시스템 계통도 상에 실측치를 표시할 수 있도록 디자인 및 시퀀스를 개발 적용한다.

4) 그래프 감시화면(일보1)

일 단위별로 경사면 일사량, 태양전지 발전전력, 부하전력 소비량을 표시 할 수 있도록 1일 24시간 그래프로 출력토록 화면구성 소프트웨어를 개발하여 적용한다. 이때 그래프 우측 상단에 일사량 적산치, 최대치, 발전 적산치, 최대치 및 부하량 최대치, 적산치를 표시할 수 있도록 한다.

5) **일일 발전현황**(일보2)

일일 시간대별 기상현황(경사면 일사량, 수평면 일사량, 외기 온도, 태양전지 표면 온도), 태양전지 발전현황, 부하현황 등을 표시할 수 있도록 화면구성 소프트웨어를 개발하여 적용한다.

6) **월간 발전현황**(월보1)

월간 일자별 기상현황(경사면 일사량 수평면 일사량 평균 외기 온도 태양전지 발전 전력, 부하 소비전력 등을 표시할 수 있도록 화면구성 소프트웨어를 개발하여 적용한다.

7) **월간 시간대 별 발전현황**(월보2)

일보에 표시된 시간대별 각종 현황의 한 달간 평균치를 표시할 수 있도록 화면구성 소프트웨어를 개발하여 적용한다.

8) **이상발생 기록화면**

동작상태 감시화면에서 이상이 발생 시 각 부위를 총 망라하여 일자별 시간대 별로 이상상태를 표시하는 기능을 갖추며, 출력할 수 있는 기능도 삽입한다.

(2) 모니터링 시스템의 설치

주택이나 10㎾ 미만의 태양광발전시스템의 경우 모니터링을 설비를 설치하지 않아도 되지만, 전문업체 별로 설치 사이트의 30% 웹을 통해 모니터링하도록 되어 있으며, 웹을 통해 시스템 사항이 모니터링된다. 이 모니터링 시스템은 인버터에 장착된 통신 포트를 PC에 연결하여 모니터링하는 방식이다. 온라인상에 접속하면 누적 발전량 및 실시간 발전량 인버터 상황 등을 실시간으로 확인할 수 있다. 따라서 인버터의 이상 작동 시 그 원인을 웹상으로 쉽게 확인 가능하다.

1) 유선 인터넷의 경우 유동, 고정 상관없이 모두 가능하다.
2) 현장 DB서버는 인터넷 라인의 이상 시에 저장하기 위한 것으로 일반 PC를 사용한다.
3) 설치 시 NGI - 2000이 TCP/IP를 지원하므로 어디서나 유저 수에 상관없이 모니터링이 가능하다.

(3) CCTV 모니터링 시스템의 설치

모니터링 시스템의 설치는 의무사항이 아니지만, 대부분의 발전소에서 안전관리상 거의 대부분 설치하여 운영하고 있다. CCTV 카메라에 동작감지센서가 거의 내장되어 있어 이상신호 시 영상신호를 자동으로 녹화저장할 수 있도록 하고 있다.

(4) 제어시스템의 설치

제어시스템은 추적식 제어시스템이 일반적으로 사용되고 있으나, 고정식이라도 독립형 시스템과 독립형 하이브리드 시스템의 경우 부하특성에 맞추어 원격제어 시 사용하기도 한다. 이와 같은 시스템에서는 사용특성에 따라서 각기 다른 전용 프로그램을 개발하여 사용한다.

PART 3 태양광발전시스템 유지보수 실·전·기·출·문·제

2013 태양광산업기사

01. 태양광 인버터 이상신호 해결 후 재 기동시킬 때 인버터 ON 한 뒤 몇 분 후에 재기동 하여야 하는가?

① 즉시기동 ② 1분 후 ③ 3분 후 ④ 5분 후

정답④
태양광 인버터 이상신호 해결 후 재가동시킬 때는 인버터를 ON한 다음 5분 후에 재가동하여야 한다.

2013 태양광기사

02. 태양광발전시스템 유지보수 점검 시 보통 유지해야 할 절연저항은 몇 MΩ 이상인가?

① 1.0 ② 2.0 ③ 3.0 ④ 4.0

정답 ①
태양광발전시스템 유지보수점검 시 보통 유지해야 할 절연저항은 1.0MΩ 이상 DC 500V 이다.

2013 태양광기능사

03. 태양광발전설비 유지보수의 점검의 분류에 해당되지 않는 것은?

① 운전점검 ② 정기점검 ③ 최종점검 ④ 임시점검

정답 ③
최종점검은 태양광발전설비 유지보수의 점검의 분류에 해당되지 않는다.

2013 태양광산업기사

04. 태양광 모듈의 유지관리 사항이 아닌 것은?

① 모듈의 유리표면 청결유지
② 음영이 생기지 않도록 주변정리
③ 케이블 극성 유의 및 방수 커넥터 사용 여부
④ 셀이 병렬로 연결되었는지 여부

정답 ④

태양광 모듈의 유지관리 사항
① 모듈표면의 청결유지
② 나무 등 외부물질에 의한 음영이 발생하지 않도록 주변정리
③ 방수케넥터의 접속상태 및 케이블의 극성확인
• 셀이 병렬로 연결되었는지 여부는 태양광 모듈의 유지관리 사항이 아니다.

2013 태양광기사

05. 태양광발전용 접속함의 성능시험방법이 아닌 것은?

① 내전압
② 절연저항
③ 자동차단성능시험
④ 수동조작 차단성능시험

정답 ③

태양광발전용 접속함의 성능시험방법
① 구조 및 외관시험
② 기구동작시험
③ 절연저항시험
④ 내전압시험
⑤ 수동조작 차단성능시험
• 자동차단성능시험은 태양광발전용 접속함의 성능시험방법이 아니다.

2013 태양광산업기사

06. 운영계획수립 시 주기와 점검내용이 맞지 않은 것은?

① 일간점검 : 태양광모듈 주의의 그림자 발생하는 물체 유무
② 주간점검 : 태양광모듈의 표면에 불순물 유무
③ 월간점검 : 태양광모듈 외부의 변형발생 유무
④ 연간점검 : 태양광모듈의 결선상 탈선 부분 발생 유무

정답 ④
태양광모듈의 결선상 탈선부분 발생 유무는 연간점검사항이 아니고 일간점검사항에 들어간다.

2013 태양광기사

07. 30°의 고정식 태양광 발전소 운전 시 우리나라의 남해안에서 연중대비 5~6월에 발생하는 현상으로 가장 옳은 설명은?

① 태양의 고도가 연중 제일 높아 출력이 가장 높다.
② 온도상승에 의한 출력감소가 연중 제일 높다.
③ 일사량(시간)에 의한 발전은 7,8월 대비 두 번째로 높다.
④ 양축식 대비 단축식의 출력이 연중 가장 높다.

정답 ①
연중대비 5~6월이 태양의 고도가 제일 높아 출력이 가장 높고, 여름철과 겨울철은 발전량이 현저하게 감소한다.

PART 4
태양광발전설비 안전관리

제1절 태양광발전시스템의 위험요소 및 위험관리방법
1. 안전관리의 개요
2. 안전관리자 선임 및 관련 법령
3. 태양광발전시스템의 안전관리 대책
4. 태양광발전시스템 감리와 운전

제2절 안전관리 장비
1. 안전장비 종류
2. 안전장비 보관요령

1 태양광발전시스템의 위험요소 및 위험관리방법

1. 안전관리의 개요

안전관리는 품질 · 자재관리, 공정관리 등의 계획과 연계하여 공정진행 전 사전 예방조치는 물론 각 공정 진척에 따른 쾌적하고 공해없는 현장구현 및 안전을 최우선으로 하여 재해없는 안전한 작업환경을 조성하여야 한다.

안전관리의 목표는 공사를 안전하고 성공적으로 수행하기 위하여 시공과정의 위험요소를 사전에 검토하고 안전대책을 수립하는 동시에 개선책을 적용함으로서 인명과 재산상의 손실을 최소화하여 무재해 현장을 구현하는데 있다.

표 4-1 안전관리 예방 및 일상업무

예방업무	긴급조치 및 일상업무
• 시설물 및 작업장 위험방지(펜스 등 위험방지 시설 설치, 점검, 정비) • 안전장치 · 보호구 · 소화설비 설치, 점검, 정비 • 안전작업 관련 훈련 및 교육 • 소화 및 피난 훈련	• 사고원인 및 경위조사와 대책수립 • 안전관리인원 감독 • 현장안전일지 등 기록의 작성 비치 • 산재 관련업무 · 근로자 재해사항 업무처리 • 안전관리비 실행 집행 및 관리 • 기타 안전보건관리규정에서 정한 사항

현장 내 안전교육의 종류로는 작업자 안전의식 강화, 안전보호구 착용방법, 위험요인 제거방법, 소화기 사용방법, 각 공정별 위험방지 대책, 현장 안전수칙 교육 등이 있으며 안전예방 조치업무는 물론 안전점검 및 일지기록의 업무로 나누어진다.

2. 안전관리자 선임 및 관련법령

태양광발전 설비의 시설 및 설치공사와 유지보수 공사는 기본적으로 전기공사업 등록을 필한 전문기업에 의해 감전, 화재 그 밖에 사람에게 위해를 주거나 물건에 손상을 줄 우려가 없도록 시설되어야 한다.

또한, 태양광과 관련된 전기설비는 사용목적에 적절하고 안전하게 작동하고 그 손상으로 인하여 전기공급에 지장을 주지 않아야 하며 다른 전기설비, 그 밖의 물건의 기능에 전기적 또는 자기적인 장해를 주지 않도록 시설해야 한다. 「전기사업법」 제2조 제20호에서 "안전관리란 국민의 생명과 재산을 보호하기 위하여 이 법에서 정하는 바에 따라 전기설비의 공사 · 유지 및 운용에 필요한 조치를 하는 것을 말한다."라고 규정하고 있다.

표 4-2 안전관리자 선임에 관한 정리표

구 분	검사종류	용 량	선 임	감리원 배치
일반용	사용전점검	10kW 이하	미선임	필요 없음
자가용	사용전검사(저압설비는 공사계획 미신고)	10kW 초과(자가용 설비 내에 있는 경우 용량에 관계없이 자가용임)	대행업체 대행 가능 (1,000kW 이하)	감리원 배치확인서 (자체 감리원 불인정 - 상용이기 때문)
사업용	사용전검사(시 · 도에 공사계획 신고)	전 용량 대상	대행업체 대행 가능 (10kW 이하 미선임 가능)	감리원 배치확인서 (자체 감리원 불인정 - 상용이기 때문)

태양광발전 설비는 안전관리자가 선임되어야 하고, 용량 1천kW 미만인 것은 안전관리 업무를 대행하게 할 수 있으며, 그 이상의 용량의 경우 상주 안전관리자를 선임하여야 하며, 또한 개인이 대행할 경우 250kW 미만까지만 안전관리업무의 대행을 할 수 있다.

대행 전기안전관리자의 자격은 전기안전관리업무를 전문으로 하는 자로서 자본금, 보유하여야 할 기술인력 등 대통령령이 정하는 요건을 갖춘 자 또는 시설물관리를 전문으로 하는 자로서 제1항에 따른 분야별 기술자격을 취득한 사람을 보유하고 있는 자로 규정되어 있다(전기사업법 제73조 제2항).

또한 완화규정으로서 전기안전관리자를 선임 또는 선임 의제하는 것이 곤란하거나 적합하지 아니하다고 인정되는 지역 또는 전기설비에 대하여는 산업통상자원부령으로 따로 정하는 바에 따라 전기안전관리자를 선임할 수 있는데, 그 자격기준은 「국가기술자격법」에 따른 전기 · 토목 · 기계 분야 기능사 이상의 자격소지자 또는 「초 · 중등교육법」에 따른 고등학교의 전기 · 토목 · 기계 관련 학과 졸업 이상의 학력 소지자로서 해당분야에서 3년 이상의 실무경력이 있는 사람 군사용시설에 속하는 전기설비는 「국가기술자격법」에 따른 전기분야 기능사 이상의 자격소지자 또는 군 교육기관에서 정해진 교육을 이수한 사람으로 하고 있다(전기사업법 제73조 제4항, 동법 시행규칙 제42조).

3. 태양광발전시스템의 안전관리 대책

태양광 시스템은 주로 전기를 다루는 작업이 많고 무겁고 위험한 구조물을 다루는 업무를 하게 되므로 안전관리의 주요한 사항은 다음 표에서와 같이 모듈설치 시, 전선작업 및 설치 시, 구조물 설치 시, 접속함과 인버터 등 연결 시 그리고 임시배선작업 시 등이 있으며 추락 및 감전사고 등의 예방을 위하여 적절한 예방 및 조치 활동을 하여야 한다.

표 4-3 태양광 관련 주요 안전관리 포인트

시공공정	조치사항 및 사고예방	
모듈 설치	• 높은 곳 작업 시 안전 난간대 설치 • 안전모, 안전화, 안전벨트 착용	⇨ 추락사고 예방
전선작업 및 설치	• 알루미늄 사다리 적합품 사용 • 안전모, 안전화, 안전벨트 착용	
구조물 설치	• 안전 난간대 설치 • 안전모, 안전화, 안전벨트 착용	
접속함, 인버터 등 연결	• 태양전지 모듈 등 전원 개방 • 절연장갑 착용	⇨ 감전사고 예방
임시배선작업	• 누전 위험장소 누전차단기 설치 • 전선피복상태 관리	

(1) 복장 및 추락방지

작업자는 자신의 안전확보와 2차 재해방지를 위해 작업에 적합한 복장을 갖춰 작업에 임해야 한다.

1) 안전모 착용
2) 안전대 착용 (추락방지를 위해 필히 사용할 것)
3) 안전화 (미끄럼 방지의 효과가 있는 신발)
4) 안전허리띠 착용 (공구, 공사 부재의 낙하방지를 위해 사용)

(2) 작업 중 감전 방지대책

태양전지 모듈 1장의 출력전압은 모듈 종류에 따라 직류 25~35V 정도이지만, 모듈을 필요한 개수만큼 직렬로 접속하면 말단전압은 250~450V 또는 450~820V까지의 고전압이 된다. 따라서 작업 중 감전방지를 위해 다음과 같은 안전대책이 요구된다.

1) 작업 전 태양전지 모듈표면에 차광막을 씌워 태양광을 차폐한다.
2) 저압 절연장갑을 착용한다.
3) 절연처리된 공구를 사용한다.
4) 강우 시에는 감전사고뿐만 아니라 미끄러짐으로 인한 추락사고로 이어질 우려가 있으므로 작업을 금지한다.

(3) 자재반입 시 주의사항

공사용 자재반입 시에 기중기 차를 사용하는 경우, 기중기의 붐대 선단이 배전선로에 근접할 때, 공사 착공 전에 전력회사와 사전 협의하에 절연전선 또는 전력 케이블에 보호관을 씌우는 등의 보호조치를 실시한다.

그림 4-1 반입 시의 배전선로 보호

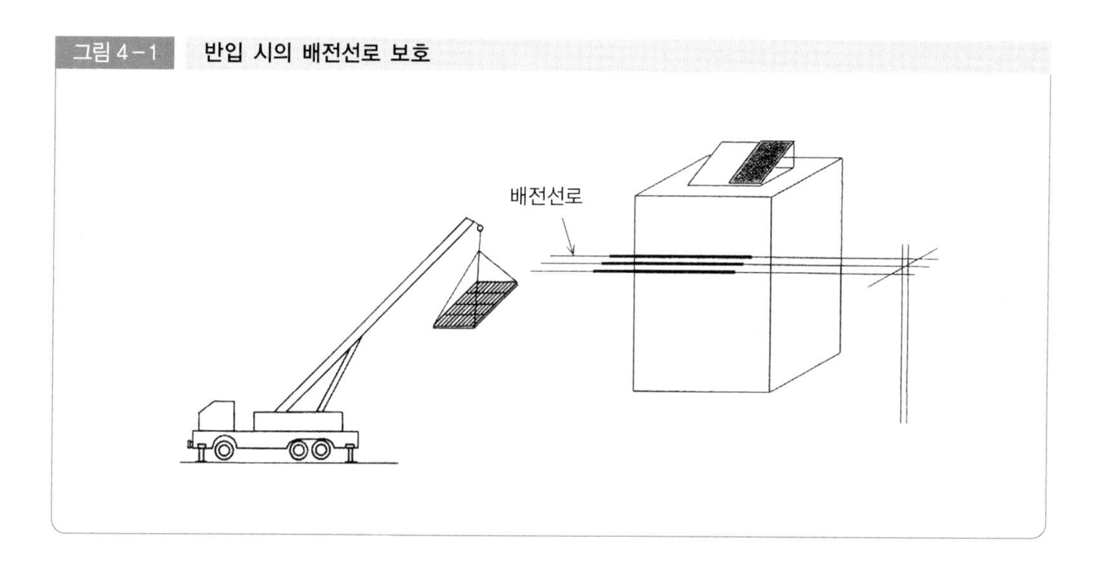

(4) 유지보수

태양전지 모듈의 유지보수를 위한 공간과 작업안전을 고려한 발판 및 안전난간을 설치해야 한다. 단, 안전성이 확보된 설비인 경우에는 예외로 한다.

4. 태양광발전시스템 감리와 운전

(1) 태양전지 모듈 및 접속함과 인버터 간의 배선

① 케이블은 건물마감이나 런닝보드의 표면에 가깝게 시공해야 하며, 필요할 경우 전선관을 이용하여 물리적 손상으로부터 보호해야 한다.

② 태양전지 모듈은 스트링 필요매수를 직렬로 결선하고, 어레이 지지대 위에 조립한다. 케이블을 각 스트링으로부터 접속함까지 배선하여 접속함 내에서 병렬로 결선한다. 이 경우 케이블에 스트링 번호를 기입해 두면 차후 점검 할 때 편리하다.
옥상 또는 지붕 위에 설치한 태양전지 어레이로부터 접속함으로 배선할 경우 처마 밑 배선을 실시한다.

③ 접속함은 일반적으로 어레이 근처에 설치한다. 그러나 건물의 구조나 미관 상 설치장소가 제한될 수 있으며, 이때에는 점검이나 부품을 교환하는 경우 등을 고려하여 설치해야 한다.

④ 태양광 전원회로와 출력회로는 격벽에 의해 분리되거나 함께 접속되어 있지 않을 경우 동일한 전선관, 케이블 트레이, 접속함 내에 시설하지 않아야 한다.

⑤ 접속함으로부터 인버터까지의 배선은 전압강하율을 2% 이하로 상정한다. 전압강하를 1V라고 했을 경우 전선의 최대길이를 표 4-4에 나타냈다.

표 4-4 전선 최대길이 표

전류 (A)	연 선 (mm^2)									
	1.5	2.5	4	6	10	16	35	50	95	120
	전선 최대길이 (m)									
10	5.6	8.8	15	23	38	61	102	165	278	424
12	4.7	7.4	12	19	32	51	85	137	232	353
14	4.0	6.3	11	16	27	43	73	118	199	303
15	3.7	5.9	10	15	26	40	68	110	185	282
16	3.5	5.5	9.3	14	24	38	64	103	174	265
18	3.1	4.9	8.3	13	21	34	57	91	155	236
20	2.8	4.4	7.5	11	19	30	51	82	139	212
25	2.2	3.5	6	9	15	24	41	66	111	170
30		2.9	5	7.5	13	20	34	55	93	141
35		2.5	4.3	6.5	11	17	29	47	79	121
40			3.7	5.7	9.6	15	26	41	70	106
45			3.3	5	8.5	13	23	37	62	94
50				4.5	7.7	12	20	33	56	85
60				3.8	6.4	10	17	27	46	71
70					5.5	8.7	15	23	40	61
80					4.8	7.6	13	21	35	53
90					4.3	6.7	11	18	31	47
100						6.1	10	16	28	42

(2) 전선길이에 따른 전압강하 허용치

태양전지 모듈에서 인버터 입력단간 및 인버터 출력단과 계통연계점간의 전압강하는 각 3%를 초과하지 않아야 한다. 단, 전선의 길이가 60m를 초과하는 경우에는 표 4-5에 따라 시공할 수 있다.

표 4-5 전선길이에 따른 전압강하 허용치

전선길이	전압강하
120 m 이하	5 %
200 m 이하	6 %
200 m 초과	7 %

(3) 전압강하 및 전선 단면적 계산식

표 4-6 전압강하 및 전선 단면적 계산식

회로의 전기방식	전압강하	전선의 단면적
직류 2선식 교류 2선식	$e = \dfrac{35.6 \times L \times I}{1,000 \times A}$	$A = \dfrac{35.6 \times L \times I}{1,000 \times e}$
3상 3선식	$e = \dfrac{30.8 \times L \times I}{1,000 \times A}$	$A = \dfrac{30.8 \times L \times I}{1,000 \times e}$

• e : 각 선간의 전압강하 (V) • A : 전선의 단면적 (mm^2) • L : 도체 1본의 길이 (m) • I : 전류 (A)

(4) 접지공사의 종류 및 적용

태양광 발전설비는 누전에 의한 감전사고 및 화재로부터 인명과 재산을 보호하기 위해 전기설비기술기준에 따라 지중접지를 해야 한다. 제1종접지공사, 제2종접지공사, 제3종접지공사 및 특별제3종접지공사의 접지저항 값은 표 4-7과 같다.

표 4-7 접지공사의 종류와 접지저항 값

접지공사의 종류	접지저항 값
제1종접지공사	10Ω
제2종접지공사	변압기의 고압측 또는 특고압측 전로의 1선 지락전류의 암페어수로 150을 나눈 값과 같은 Ω수
제3종접지공사	100Ω
특별제3종접지공사	10Ω

(5) 기계기구 외함 및 직류전로의 접지

전로에 시설하는 기계기구의 철대 및 금속제 외함은 표 4-8에 따라 접지공사를 실시해야 한다.

표 4-8 기계기구의 구분에 의한 접지공사의 적용

기계기구의 구분	접지공사
400 V 미만인 저압용의 것	제3종접지공사
400 V 이상의 저압용의 것	특별 제3종접지공사
고압용 또는 특고압용의 것	제1종접지공사

(6) 고압 및 특고압계통 지락사고 시 저압계통 내 허용 과전압

접지공사를 하는 경우, 고압 및 특고압계통의 지락사고로 인해 저압계통에 가해지는 상용주파 과전압은 표 4-9에서 정한 값을 초과해서는 안 된다.

표 4-9 고압 및 특고압계통 지락사고 시 저압계통 내 허용 과전압

고압계통에서 지락고장시간(초)	저압설비의 허용 상용주파 과전압(V)
〉5	U_o + 250
≦ 5	U_o + 1,200
중성선 도체가 없는 계통에서 U_o 선간전압을 말한다.	

(7) 접지선의 굵기

제3종 및 특별제3종접지공사의 접지선 굵기는 공칭단면적 2.5mm^2 이상의 연동선으로 규정하고 있지만, 기기 고장 시에 흐르는 전류에 대한 안전성, 기계적 강도, 내식성을 고려하여 결정한다. 표 4-10에 내선규정 상에 명시된 접지선의 굵기를 나타낸다.

표 4-10 제3종 또는 특별제3종접지공사의 접지선 굵기[내선규정 1445-3]

접지하는 기계기구의 금속 제외함, 배관 등의 저압전로의 전류측에 시설된 과전류차단기 중 최소의 정격전류의 용량	접지선의 최소 굵기
	동 (mm^2)
20 A 이하	2.5
30 A 이하	2.5
50 A 이하	4
100 A 이하	6

2 안전관리 장비

1. 안전장비 종류

(1) **멀티미터**(전압, 전류)

(2) **클램프미터**(전류, Watt)

(3) **온도계, 적외선 온도측정기**

(4) **소화기**

(5) **안전모**

(6) **안전장갑**

(7) **방진 마스크**

(8) **휴대용 손전등**

(9) **기 타**

1) 기계조작 공구

2) 사다리

3) 예비용 소모품 : 접속함에 사용되는 휴즈류, 기계 오일류 등

4) 연장전선

5) 청소용품

6) 은분도료 : 알루미늄 페인트

7) 예비용 볼트와 너트, 와셔류

8) 예비용 센서류 : 일사량센서, 온도센서(사용된 종류별로), 트래커용 광센서(추적식일 경우), 리미트 스위치 등

9) 안전봉, 안전화

10) 기타 예비용 소모품

2. 안전장비 보관요령

안전장비 중 검사장비 및 효율측정장비 등은 전기 · 전자 기기로서 습기에 약하므로 습기를 피하여 건조한 곳에 보관하도록 한다. 또한 안전모와 안전장갑, 방진 마스크 등의 개인보호구는 언제든지 사용할 수 있는 상태로 손질하여 놓아야 한다. 그러기 위해서는 다음과 같은 점에 주의해서 정기적으로 점검 · 관리 · 보관한다.

① 적어도 한 달에 한번 이상 책임있는 감독자가 점검을 할 것
② 청결하고 습기가 없는 장소에 보관할 것
③ 보호구 사용 후에는 손질하여 항상 깨끗이 보관할 것
④ 세척한 후에는 완전히 건조시켜 보관할 것

PART 4 태양광발전설비 안전관리 실·전·기·출·문·제

2013 태양광산업기사

01. 태양광 발전소의 정기검사는 몇 년마다 받아야 하는가?

① 2년 ② 3년 ③ 4년 ④ 5년

정답③

태양광발전소의 정기검사는 4년마다 받아야 한다. 발전설비의 검사는 발전설비의 가동정지 기간 중에 하며, 설비고장 등 검사시기 조정사유 발생 시 검사기관과 협의하여 2개월 이내의 범위에서 검사시기를 조정할 수 있다.

2013 태양광기능사

02. 태양전지 접속함(분전함) 점검항목에서 육안검사 점검요령으로 잘못된 것은?

① 외함의 파손 및 부식이 없을 것
② 전선 인입구가 실리콘 등으로 방수처리 되어 있을 것
③ 태양전지 배선의 극성이 바뀌어 있지 않을 것
④ 개방전압은 규정전압이어야 하고 극성은 올바를 것

정답 ④

개방전압은 규정전압이어야 하고 극성은 올바를 것은 육안검사 점검요령이 안고 기기를 사용하여 검사하여야 한다.

2013 태양광기사

03. 태양광(PV)모듈의 접촉점의 장애를 발견하기 위한 점검 및 측정 방법은?

① 다기능 측정 ② 접지저항 측정 ③ 절연저항 측정 ④ 과/저전압 측정

정답 ①

접지저항 측정, 절연저항 측정, 과/저전압 측정으로는 태양광(PV)모듈의 접촉점의 장애를 발견하기 어렵고 점검항목에 따라 다기능 측정방법을 사용해야 발견할 수 있다.

2013 태양광산업기사

04. 태양전지 어레이의 절연저항 측정값으로 옳은 것은?

① 400V를 초과하는 경우 0.4MΩ 이상
② 400V 이하의 경우 0.1MΩ 이하
③ 400V를 초과하는 경우 0.3MΩ 이하
④ 대지전압 150V 초과하고 300V 이하인 경우0.1MΩ 이하

정답①

절연저항 측정기준(태양전지 어레이의 절연저항 측정값)
1. 대지전압 150V 이하 : 0.1MΩ 이상
2. 대지전압 150V초과 300V 이하 : 0.2MΩ 이상
3. 사용전압 300V 초과 400V 미만(비접지 계통) : 0.3MΩ 이상
4. 사용전압 400V 이상 : 0.4MΩ 이상

2013 태양광기능사

05. 태양광 발전설비의 유지 보수시 설비의 운전 중 주로 육안에 의해서 실시하는 점검은?

① 운전점검 ② 일상점검
③ 정기점검 ④ 임시점검

정답 ②

일상점검은 육안에 의해서 실시하는 점검항목이다.

2013 태양광기사

06. 중·대형 태양광발전용 인버터의 누설전류 시험에 대한 설명이 아닌 것은?

① 정격 주파수로 운전한다.
② 인버터를 정격출력에서 운전한다.
③ 판정기준은 누설전류가 5mA 이하이다.
④ 인버터의 기체와 대지사이에 100Ω 이상의 저항을 접속한다.

정답 ④

인버터의 기체와 대지사이에 100Ω 이하의 저항을 접속한다.

■ 접지공사

종류	접지저항값
제1종접지공사	10Ω 이하
제2종접지공사	–
제3종접지공사	100Ω 이하
특별제3종접지공사	10Ω 이하

07. 다음은 반도체에 대한 설명이다. 알맞지 않은 것은?

① N형 반도체는 자유전자 밀도를 높게 하기 위해서는 인, 비소, 안티몬과 같은 5가 원자를 첨가하며, 전자를 잃고 이온화된 불순물 원자가 되는데 이를 도너(Doonor)라고 말한다.
② P형 반도체는 정공의 수를 증가시키기 위해서는 알루미늄, 붕소, 갈륨 등 3가 원소를 첨가하며, 이러한 불순물 원자를 억셉터(Accept)라 말한다.
③ 실리콘이나 게르마늄에 불순물(Dopant)을 첨가하여 저항을 감소시키는 것을 에칭(Etching)이라고 한다.
④ 진성 반도체는 전자가 포진한 전도대 속에 전자의 수와 전공이 포진한 가전자대 속의 정공의 수가 같은 경우의 반도체를 말한다.

정답 ③

실리콘이나 게르마늄에 불순물(Dopant)을 첨가하여 저항을 감소시키는 것을 도핑(Doping)이라고 한다.

부 록

신에너지 및 재생에너지
개발·이용·보급 촉진법

신에너지 및 재생에너지 개발 · 이용 · 보급 촉진법

[시행 2013.10.31] [법률 제11965호, 2013.7.30, 일부개정]

산업통상자원부(신재생에너지과) 02-2110-5404

제1조(목적) 이 법은 신에너지 및 재생에너지의 기술개발 및 이용 · 보급 촉진과 신에너지 및 재생에너지 산업의 활성화를 통하여 에너지원을 다양화하고, 에너지의 안정적인 공급, 에너지 구조의 환경친화적 전환 및 온실가스 배출의 감소를 추진함으로써 환경의 보전, 국가경제의 건전하고 지속적인 발전 및 국민복지의 증진에 이바지함을 목적으로 한다.

[전문개정 2010.4.12]

제2조(정의) 이 법에서 사용하는 용어의 뜻은 다음과 같다. 〈개정 2013.3.23, 2013.7.30〉

1. "신에너지"란 기존의 화석연료를 변환시켜 이용하거나 수소 · 산소 등의 화학 반응을 통하여 전기 또는 열을 이용하는 에너지로서 다음 각 목의 어느 하나에 해당하는 것을 말한다.
   가. 수소에너지
   나. 연료전지
   다. 석탄을 액화 · 가스화한 에너지 및 중질잔사유(重質殘渣油)를 가스화한 에너지로서 대통령령으로 정하는 기준 및 범위에 해당하는 에너지
   라. 그 밖에 석유 · 석탄 · 원자력 또는 천연가스가 아닌 에너지로서 대통령령으로 정하는 에너지
2. "재생에너지"란 햇빛 · 물 · 지열(地熱) · 강수(降水) · 생물유기체 등을 포함하는 재생 가능한 에너지를 변환시켜 이용하는 에너지로서 다음 각 목의 어느 하나에 해당하는 것을 말한다.
   가. 태양에너지
   나. 풍력
   다. 수력
   라. 해양에너지
   마. 지열에너지
   바. 생물자원을 변환시켜 이용하는 바이오에너지로서 대통령령으로 정하는 기준 및 범위에 해당하는 에너지
   사. 폐기물에너지로서 대통령령으로 정하는 기준 및 범위에 해당하는 에너지
   아. 그 밖에 석유 · 석탄 · 원자력 또는 천연가스가 아닌 에너지로서 대통령령으로 정하는 에너지
3. "신에너지 및 재생에너지 설비"(이하 "신·재생에너지 설비"라 한다)란 신에너지 및 재생에너지(이하 "신·재생에너지"라 한다)를 생산하거나 이용하는 설비로서 산업통상자원부령으로 정하는 것을 말한다.
4. "신 · 재생에너지 발전"이란 신 · 재생에너지를 이용하여 전기를 생산하는 것을 말한다.
5. "신 · 재생에너지 발전사업자"란 「전기사업법」 제2조제4호에 따른 발전사업자 또는 같은 조 제19호에 따른 자가용전기설비를 설치한 자로서 신 · 재생에너지 발전을 하는 사업자를 말한다.

[전문개정 2010.4.12]

제3조 삭제 〈2010.4.12〉

제4조(시책과 장려 등) ① 정부는 신 · 재생에너지의 기술개발 및 이용 · 보급의 촉진에 관한 시책을 마련하여야 한다.
② 정부는 지방자치단체, 「공공기관의 운영에 관한 법률」 제4조에 따른 공공기관(이하 "공공기관"이라 한다), 기업체 등의 자발적인 신 · 재생에너지 기술개발 및 이용 · 보급을 장려하고 보호 · 육성하여야 한다.
[전문개정 2010.4.12]

제5조(기본계획의 수립) ① 산업통상자원부장관은 관계 중앙행정기관의 장과 협의를 한 후 제8조에 따른 신 · 재생에너지정책심의회의 심의를 거쳐 신 · 재생에너지의 기술개발 및 이용 · 보급을 촉진하기 위한 기본계획(이하 "기본계획"이라 한다)을 수립하여야 한다. 〈개정 2013.3.23〉
② 기본계획의 계획기간은 10년 이상으로 하며, 기본계획에는 다음 각 호의 사항이 포함되어야 한다. 〈개정 2013.3.23〉
1. 기본계획의 목표 및 기간
2. 신 · 재생에너지원별 기술개발 및 이용 · 보급의 목표
3. 총전력생산량 중 신 · 재생에너지 발전량이 차지하는 비율의 목표
4. 「에너지법」 제2조제10호에 따른 온실가스의 배출 감소 목표
5. 기본계획의 추진방법
6. 신 · 재생에너지 기술수준의 평가와 보급전망 및 기대효과
7. 신 · 재생에너지 기술개발 및 이용 · 보급에 관한 지원 방안
8. 신 · 재생에너지 분야 전문인력 양성계획
9. 그 밖에 기본계획의 목표달성을 위하여 산업통상자원부장관이 필요하다고 인정하는 사항
③ 산업통상자원부장관은 신 · 재생에너지의 기술개발 동향, 에너지 수요 · 공급 동향의 변화, 그 밖의 사정으로 인하여 수립된 기본계획을 변경할 필요가 있다고 인정하면 관계 중앙행정기관의 장과 협의를 한 후 제8조에 따른 신 · 재생에너지정책심의회의 심의를 거쳐 그 기본계획을 변경할 수 있다. 〈개정 2013.3.23〉
[전문개정 2010.4.12]

제6조(연차별 실행계획) ① 산업통상자원부장관은 기본계획에서 정한 목표를 달성하기 위하여 신 · 재생에너지의 종류별로 신 · 재생에너지의 기술개발 및 이용 · 보급과 신 · 재생에너지 발전에 의한 전기의 공급에 관한 실행계획(이하 "실행계획"이라 한다)을 매년 수립 · 시행하여야 한다. 〈개정 2013.3.23〉
② 산업통상자원부장관은 실행계획을 수립 · 시행하려면 미리 관계 중앙행정기관의 장과 협의하여야 한다. 〈개정 2013.3.23〉
③ 산업통상자원부장관은 실행계획을 수립하였을 때에는 이를 공고하여야 한다. 〈개정 2013.3.23〉
[전문개정 2010.4.12]

제7조(신·재생에너지 기술개발 등에 관한 계획의 사전협의) 국가기관, 지방자치단체, 공공기관, 그 밖에 대통령령으로 정하는 자가 신 · 재생에너지 기술개발 및 이용 · 보급에 관한 계획을 수립 · 시행하려면 대통

령령으로 정하는 바에 따라 미리 산업통상자원부장관과 협의하여야 한다. 〈개정 2013.3.23〉
[전문개정 2010.4.12]

第8조(신·재생에너지정책심의회) ① 신 · 재생에너지의 기술개발 및 이용 · 보급에 관한 중요 사항을 심의하기 위하여 산업통상자원부에 신 · 재생에너지정책심의회(이하 "심의회"라 한다)를 둔다. 〈개정 2013.3.23〉
② 심의회는 다음 각 호의 사항을 심의한다. 〈개정 2013.3.23〉
1. 기본계획의 수립 및 변경에 관한 사항. 다만, 기본계획의 내용 중 대통령령으로 정하는 경미한 사항을 변경하는 경우는 제외한다.
2. 신 · 재생에너지의 기술개발 및 이용 · 보급에 관한 중요 사항
3. 신 · 재생에너지 발전에 의하여 공급되는 전기의 기준가격 및 그 변경에 관한 사항
4. 그 밖에 산업통상자원부장관이 필요하다고 인정하는 사항
③ 심의회의 구성 · 운영과 그 밖에 필요한 사항은 대통령령으로 정한다.
[전문개정 2010.4.12]

第9조(신·재생에너지 기술개발 및 이용·보급 사업비의 조성) 정부는 실행계획을 시행하는 데에 필요한 사업비를 회계연도마다 세출예산에 계상(計上)하여야 한다.
[전문개정 2010.4.12]

第10조(조성된 사업비의 사용) 산업통상자원부장관은 제9조에 따라 조성된 사업비를 다음 각 호의 사업에 사용한다. 〈개정 2013.3.23〉
1. 신 · 재생에너지의 자원조사, 기술수요조사 및 통계작성
2. 신 · 재생에너지의 연구 · 개발 및 기술평가
3. 신 · 재생에너지 이용 건축물의 인증 및 사후관리
4. 신 · 재생에너지 공급의무화 지원
5. 신 · 재생에너지 설비의 성능평가 · 인증 및 사후관리
6. 신 · 재생에너지 기술정보의 수집 · 분석 및 제공
7. 신 · 재생에너지 분야 기술지도 및 교육 · 홍보
8. 신 · 재생에너지 분야 특성화대학 및 핵심기술연구센터 육성
9. 신 · 재생에너지 분야 전문인력 양성
10. 신 · 재생에너지 설비 설치전문기업의 지원
11. 신 · 재생에너지 시범사업 및 보급사업
12. 신 · 재생에너지 이용의무화 지원
13. 신 · 재생에너지 관련 국제협력
14. 신 · 재생에너지 기술의 국제표준화 지원
15. 신 · 재생에너지 설비 및 그 부품의 공용화 지원
16. 그 밖에 신 · 재생에너지의 기술개발 및 이용 · 보급을 위하여 필요한 사업으로서 대통령령으로 정하는 사업
[전문개정 2010.4.12]

제11조(사업의 실시) ① 산업통상자원부장관은 제10조 각 호의 사업을 효율적으로 추진하기 위하여 필요하다고 인정하면 다음 각 호의 어느 하나에 해당하는 자와 협약을 맺어 그 사업을 하게 할 수 있다. 〈개정 2011.3.9, 2013.3.23〉

1. 「특정연구기관 육성법」에 따른 특정연구기관
2. 「기초연구진흥 및 기술개발지원에 관한 법률」 제14조제1항제2호에 따른 기업연구소
3. 「산업기술연구조합 육성법」에 따른 산업기술연구조합
4. 「고등교육법」에 따른 대학 또는 전문대학
5. 국공립연구기관
6. 국가기관, 지방자치단체 및 공공기관
7. 그 밖에 산업통상자원부장관이 기술개발능력이 있다고 인정하는 자

② 산업통상자원부장관은 제1항 각 호의 어느 하나에 해당하는 자가 하는 기술개발사업 또는 이용 · 보급 사업에 드는 비용의 전부 또는 일부를 출연(出捐)할 수 있다. 〈개정 2013.3.23〉

③ 제2항에 따른 출연금의 지급 · 사용 및 관리 등에 필요한 사항은 대통령령으로 정한다.

[전문개정 2010.4.12]

제12조(신·재생에너지사업에의 투자권고 및 신·재생에너지 이용의무화 등) ① 산업통상자원부장관은 신 · 재생에너지의 기술개발 및 이용 · 보급을 촉진하기 위하여 필요하다고 인정하면 에너지 관련 사업을 하는 자에 대하여 제10조 각 호의 사업을 하거나 그 사업에 투자 또는 출연할 것을 권고할 수 있다. 〈개정 2013.3.23〉

② 산업통상자원부장관은 신 · 재생에너지의 이용 · 보급을 촉진하고 신 · 재생에너지산업의 활성화를 위하여 필요하다고 인정하면 다음 각 호의 어느 하나에 해당하는 자가 신축 · 증축 또는 개축하는 건축물에 대하여 대통령령으로 정하는 바에 따라 그 설계 시 산출된 예상 에너지사용량의 일정 비율 이상을 신 · 재생에너지를 이용하여 공급되는 에너지를 사용하도록 신 · 재생에너지 설비를 의무적으로 설치하게 할 수 있다. 〈개정 2013.3.23〉

1. 국가 및 지방자치단체
2. 「공공기관의 운영에 관한 법률」 제5조에 따른 공기업(이하 "공기업"이라 한다)
3. 정부가 대통령령으로 정하는 금액 이상을 출연한 정부출연기관
4. 「국유재산법」 제2조제6호에 따른 정부출자기업체
5. 지방자치단체 및 제2호부터 제4호까지의 규정에 따른 공기업, 정부출연기관 또는 정부출자기업체가 대통령령으로 정하는 비율 또는 금액 이상을 출자한 법인
6. 특별법에 따라 설립된 법인

③ 산업통상자원부장관은 신 · 재생에너지의 활용 여건 등을 고려할 때 신 · 재생에너지를 이용하는 것이 적절하다고 인정되는 공장 · 사업장 및 집단주택단지 등에 대하여 신 · 재생에너지의 종류를 지정하여 이용하도록 권고하거나 그 이용설비를 설치하도록 권고할 수 있다. 〈개정 2013.3.23〉

[전문개정 2010.4.12]

제12조의2(신·재생에너지 이용 건축물에 대한 인증 등) ① 대통령령으로 정하는 일정 규모 이상의 건축물을 소유한 자는 그 건축물에 대하여 산업통상자원부장관이 지정하는 기관(이하 "건축물인증기관"이라 한다)

으로부터 총에너지사용량의 일정 비율 이상을 신 · 재생에너지를 이용하여 공급되는 에너지를 사용한다는 신 · 재생에너지 이용 건축물인증(이하 "건축물인증"이라 한다)을 받을 수 있다. 〈개정 2013.3.23〉
② 제1항에 따라 건축물인증을 받으려는 자는 해당 건축물에 대하여 건축물인증기관에 건축물인증을 신청하여야 한다.
③ 산업통상자원부장관은 제31조에 따른 신 · 재생에너지센터나 그 밖에 신 · 재생에너지의 기술개발 및 이용 · 보급 촉진사업을 하는 자 중 건축물인증 업무에 적합하다고 인정되는 자를 건축물인증기관으로 지정할 수 있다. 〈개정 2013.3.23〉
④ 건축물인증기관은 제2항에 따른 건축물인증의 신청을 받은 경우 산업통상자원부와 국토교통부의 공동부령으로 정하는 건축물인증 심사기준에 따라 심사한 후 그 기준에 적합한 건축물에 대하여 건축물인증을 하여야 한다. 〈개정 2013.3.23〉
⑤ 산업통상자원부장관은 제27조제1항에 따른 보급사업을 추진하는 데에 있어 건축물인증을 받은 자를 우대하여 지원할 수 있다. 〈개정 2013.3.23〉
⑥ 건축물인증기관의 업무 범위, 건축물인증의 절차, 건축물인증의 사후관리, 그 밖에 건축물인증에 관하여 필요한 사항은 산업통상자원부와 국토교통부의 공동부령으로 정한다. 〈개정 2013.3.23〉
[본조신설 2010.4.12]

제12조의3(건축물인증의 표시 등) ① 제12조의2에 따라 건축물인증을 받은 자는 해당 건축물에 건축물인증의 표시를 하거나 건축물인증을 받은 것을 홍보할 수 있다.
② 건축물인증을 받지 아니한 자는 제1항에 따른 건축물인증의 표시 또는 이와 유사한 표시를 하거나 건축물인증을 받은 것으로 홍보하여서는 아니 된다.
[본조신설 2010.4.12]

제12조의4(건축물인증의 취소) 건축물인증기관은 건축물인증을 받은 자가 다음 각 호의 어느 하나에 해당하는 경우에는 그 인증을 취소할 수 있다. 다만, 제1호에 해당하는 경우에는 그 인증을 취소하여야 한다.
1. 거짓이나 그 밖의 부정한 방법으로 건축물인증을 받은 경우
2. 건축물인증을 받은 자가 그 인증서를 건축물인증기관에 반납한 경우
3. 건축물인증을 받은 건축물의 사용승인이 취소된 경우
4. 건축물인증을 받은 건축물이 제12조의2제4항에 따른 건축물인증 심사기준에 부적합한 것으로 발견된 경우
[본조신설 2010.4.12]

제12조의5(신·재생에너지 공급의무화 등) ① 산업통상자원부장관은 신 · 재생에너지의 이용 · 보급을 촉진하고 신 · 재생에너지산업의 활성화를 위하여 필요하다고 인정하면 다음 각 호의 어느 하나에 해당하는 자 중 대통령령으로 정하는 자(이하 "공급의무자"라 한다)에게 발전량의 일정량 이상을 의무적으로 신 · 재생에너지를 이용하여 공급하게 할 수 있다. 〈개정 2013.3.23〉
1. 「전기사업법」 제2조에 따른 발전사업자
2. 「집단에너지사업법」 제9조 및 제48조에 따라 「전기사업법」 제7조제1항에 따른 발전사업의 허가를 받은 것으로 보는 자

3. 공공기관

② 제1항에 따라 공급의무자가 의무적으로 신·재생에너지를 이용하여 공급하여야 하는 발전량(이하 "의무공급량"이라 한다)의 합계는 총전력생산량의 10% 이내의 범위에서 연도별로 대통령령으로 정한다. 이 경우 균형 있는 이용·보급이 필요한 신·재생에너지에 대하여는 대통령령으로 정하는 바에 따라 총의무공급량 중 일부를 해당 신·재생에너지를 이용하여 공급하게 할 수 있다.

③ 공급의무자의 의무공급량은 산업통상자원부장관이 공급의무자의 의견을 들어 공급의무자별로 정하여 고시한다. 이 경우 산업통상자원부장관은 공급의무자의 총발전량 및 발전원(發電源) 등을 고려하여야 한다. 〈개정 2013.3.23〉

④ 공급의무자는 의무공급량의 일부에 대하여 대통령령으로 정하는 바에 따라 다음 연도로 그 공급의무의 이행을 연기할 수 있다. 이 경우 그 이행을 연기한 의무공급량은 다음 연도에 우선적으로 공급하여야 한다.

⑤ 공급의무자는 제12조의7에 따른 신·재생에너지 공급인증서를 구매하여 의무공급량에 충당할 수 있다.

⑥ 산업통상자원부장관은 제1항에 따른 공급의무의 이행 여부를 확인하기 위하여 공급의무자에게 대통령령으로 정하는 바에 따라 필요한 자료의 제출 또는 제5항에 따라 구매하여 의무공급량에 충당하거나 제12조의7제1항에 따라 발급받은 신·재생에너지 공급인증서의 제출을 요구할 수 있다. 〈개정 2013.3.23〉

[본조신설 2010.4.12]

제12조의6(신·재생에너지 공급 불이행에 대한 과징금) ① 산업통상자원부장관은 공급의무자가 의무공급량에 부족하게 신·재생에너지를 이용하여 에너지를 공급한 경우에는 대통령령으로 정하는 바에 따라 그 부족분에 제12조의7에 따른 신·재생에너지 공급인증서의 해당 연도 평균거래 가격의 100분의 150을 곱한 금액의 범위에서 과징금을 부과할 수 있다. 〈개정 2013.3.23〉

② 제1항에 따른 과징금을 납부한 공급의무자에 대하여는 그 과징금의 부과기간에 해당하는 의무공급량을 공급한 것으로 본다.

③ 산업통상자원부장관은 제1항에 따른 과징금을 납부하여야 할 자가 납부기한까지 그 과징금을 납부하지 아니한 때에는 국세 체납처분의 예를 따라 징수한다. 〈개정 2013.3.23〉

④ 제1항 및 제3항에 따라 징수한 과징금은 「전기사업법」에 따른 전력산업기반기금의 재원으로 귀속된다.

[본조신설 2010.4.12]

제12조의7(신·재생에너지 공급인증서 등) ① 신·재생에너지를 이용하여 에너지를 공급한 자(이하 "신·재생에너지 공급자"라 한다)는 산업통상자원부장관이 신·재생에너지를 이용한 에너지 공급의 증명 등을 위하여 지정하는 기관(이하 "공급인증기관"이라 한다)으로부터 그 공급 사실을 증명하는 인증서(전자문서로 된 인증서를 포함한다. 이하 "공급인증서"라 한다)를 발급받을 수 있다. 다만, 제17조에 따라 발전차액을 지원받거나 신·재생에너지 설비에 대한 지원 등 대통령령으로 정하는 정부의 지원을 받은 경우에는 대통령령으로 정하는 바에 따라 공급인증서의 발급을 제한할 수 있다. 〈개정 2013.3.23〉

② 공급인증서를 발급받으려는 자는 공급인증기관에 대통령령으로 정하는 바에 따라 공급인증서의 발급을 신청하여야 한다.

③ 공급인증기관은 제2항에 따른 신청을 받은 경우에는 신 · 재생에너지의 종류별 공급량 및 공급기간 등을 확인한 후 다음 각 호의 기재사항을 포함한 공급인증서를 발급하여야 한다. 이 경우 균형 있는 이용 · 보급과 기술개발 촉진 등이 필요한 신 · 재생에너지에 대하여는 대통령령으로 정하는 바에 따라 실제 공급량에 가중치를 곱한 양을 공급량으로 하는 공급인증서를 발급할 수 있다.

1. 신 · 재생에너지 공급자
2. 신 · 재생에너지의 종류별 공급량 및 공급기간
3. 유효기간

④ 공급인증서의 유효기간은 발급받은 날부터 3년으로 하되, 제12조의5제5항 및 제6항에 따라 공급의무자가 구매하여 의무공급량에 충당하거나 발급받아 산업통상자원부장관에게 제출한 공급인증서는 그 효력을 상실한다. 이 경우 유효기간이 지나거나 효력을 상실한 해당 공급인증서는 폐기하여야 한다. 〈개정 2013.3.23〉

⑤ 공급인증서를 발급받은 자는 그 공급인증서를 거래하려면 제12조의9제2항에 따른 공급인증서 발급 및 거래시장 운영에 관한 규칙으로 정하는 바에 따라 공급인증기관이 개설한 거래시장(이하 "거래시장"이라 한다)에서 거래하여야 한다.

⑥ 산업통상자원부장관은 다른 신 · 재생에너지와의 형평을 고려하여 공급인증서가 일정 규모 이상의 수력을 이용하여 에너지를 공급하고 발급된 경우 등 산업통상자원부령으로 정하는 사유에 해당할 때에는 거래시장에서 해당 공급인증서가 거래될 수 없도록 할 수 있다. 〈개정 2013.3.23〉

[본조신설 2010.4.12]

제12조의8(공급인증기관의 지정 등) ① 산업통상자원부장관은 공급인증서 관련 업무를 전문적이고 효율적으로 실시하고 공급인증서의 공정한 거래를 위하여 다음 각 호의 어느 하나에 해당하는 자를 공급인증기관으로 지정할 수 있다. 〈개정 2013.3.23〉

1. 제31조에 따른 신 · 재생에너지센터
2. 「전기사업법」 제35조에 따른 한국전력거래소
3. 제12조의9에 따른 공급인증기관의 업무에 필요한 인력 · 기술능력 · 시설 · 장비 등 대통령령으로 정하는 기준에 맞는 자

② 제1항에 따라 공급인증기관으로 지정받으려는 자는 산업통상자원부장관에게 지정을 신청하여야 한다. 〈개정 2013.3.23〉

③ 공급인증기관의 지정방법 · 지정절차, 그 밖에 공급인증기관의 지정에 필요한 사항은 산업통상자원부령으로 정한다. 〈개정 2013.3.23〉

[본조신설 2010.4.12]

제12조의9(공급인증기관의 업무 등) ① 제12조의8에 따라 지정된 공급인증기관은 다음 각 호의 업무를 수행한다. 〈개정 2013.7.30〉

1. 공급인증서의 발급, 등록, 관리 및 폐기
2. 국가가 소유하는 공급인증서의 거래 및 관리에 관한 사무의 대행
3. 거래시장의 개설
4. 공급의무자가 제12조의5에 따른 의무를 이행하는 데 지급한 비용의 정산에 관한 업무

5. 공급인증서 관련 정보의 제공
6. 그 밖에 공급인증서의 발급 및 거래에 딸린 업무

② 공급인증기관은 업무를 시작하기 전에 산업통상자원부령으로 정하는 바에 따라 공급인증서 발급 및 거래시장 운영에 관한 규칙(이하 "운영규칙"이라 한다)을 제정하여 산업통상자원부장관의 승인을 받아야 한다. 운영규칙을 변경하거나 폐지하는 경우(산업통상자원부령으로 정하는 경미한 사항의 변경은 제외한다)에도 또한 같다. 〈개정 2013.3.23〉

③ 산업통상자원부장관은 공급인증기관에 제1항에 따른 업무의 계획 및 실적에 관한 보고를 명하거나 자료의 제출을 요구할 수 있다. 〈개정 2013.3.23〉

④ 산업통상자원부장관은 다음 각 호의 어느 하나에 해당하는 경우에는 공급인증기관에 시정기간을 정하여 시정을 명할 수 있다. 〈개정 2013.3.23〉

1. 운영규칙을 준수하지 아니한 경우
2. 제3항에 따른 보고를 하지 아니하거나 거짓으로 보고한 경우
3. 제3항에 따른 자료의 제출 요구에 따르지 아니하거나 거짓의 자료를 제출한 경우

[본조신설 2010.4.12]

제12조의10(공급인증기관 지정의 취소 등) ① 산업통상자원부장관은 공급인증기관이 다음 각 호의 어느 하나에 해당하는 경우에는 산업통상자원부령으로 정하는 바에 따라 그 지정을 취소하거나 1년 이내의 기간을 정하여 그 업무의 전부 또는 일부의 정지를 명할 수 있다. 다만, 제1호 또는 제2호에 해당하는 때에는 그 지정을 취소하여야 한다. 〈개정 2013.3.23〉

1. 거짓이나 그 밖의 부정한 방법으로 지정을 받은 경우
2. 업무정지 처분을 받은 후 그 업무정지 기간에 업무를 계속한 경우
3. 제12조의8제1항제3호에 따른 지정기준에 부적합하게 된 경우
4. 제12조의9제4항에 따른 시정명령을 시정기간에 이행하지 아니한 경우

② 산업통상자원부장관은 공급인증기관이 제1항제3호 또는 제4호에 해당하여 업무정지를 명하여야 하는 경우로서 그 업무의 정지가 그 이용자 등에게 심한 불편을 주거나 그 밖에 공익을 해칠 우려가 있으면 그 업무정지 처분을 갈음하여 5천만원 이하의 과징금을 부과할 수 있다. 〈개정 2013.3.23〉

③ 제2항에 따라 과징금을 부과하는 위반행위의 종별 · 정도 등에 따른 과징금의 금액과 그 밖에 필요한 사항은 대통령령으로 정한다.

④ 산업통상자원부장관은 제2항에 따른 과징금을 납부하여야 할 자가 납부기한까지 그 과징금을 납부하지 아니한 때에는 국세 체납처분의 예를 따라 징수한다. 〈개정 2013.3.23〉

[본조신설 2010.4.12]

제12조의11(신·재생에너지 연료 품질기준) ① 산업통상자원부장관은 신 · 재생에너지 연료(신·재생에너지를 이용한 연료 중 대통령령으로 정하는 기준 및 범위에 해당하는 것을 말하며, 「폐기물관리법」 제2조제1호에 따른 폐기물을 이용하여 제조한 것은 제외한다. 이하 같다)의 적정한 품질을 확보하기 위하여 품질기준을 정할 수 있다. 대기환경에 영향을 미치는 품질기준을 정하는 경우에는 미리 환경부장관과 협의를 하여야 한다.

② 산업통상자원부장관은 제1항에 따라 품질기준을 정한 경우에는 이를 고시하여야 한다.

③ 제1항에 따른 신 · 재생에너지 연료를 제조 · 수입 또는 판매하는 사업자(이하 "신·재생에너지 연료사업자"라 한다)는 산업통상자원부장관이 제1항에 따라 품질기준을 정한 경우에는 그 품질기준에 맞도록 신 · 재생에너지 연료의 품질을 유지하여야 한다.
[본조신설 2013.7.30]

제12조의12(신·재생에너지 연료 품질검사) ① 신 · 재생에너지 연료사업자는 제조 · 수입 또는 판매하는 신 · 재생에너지 연료가 제12조의11제1항에 따른 품질기준에 맞는지를 확인하기 위하여 대통령령으로 정하는 신 · 재생에너지 품질검사기관(이하 "품질검사기관"이라 한다)의 품질검사를 받아야 한다.
② 제1항에 따른 품질검사의 방법과 절차, 그 밖에 필요한 사항은 산업통상자원부령으로 정한다.
[본조신설 2013.7.30]

제13조(신·재생에너지 설비의 인증 등) ① 신 · 재생에너지 설비를 제조하거나 수입하여 판매하려는 자는 산업통상자원부장관이 신 · 재생에너지 설비의 인증을 위하여 지정하는 기관(이하 "설비인증기관"이라 한다)으로부터 신 · 재생에너지 설비에 대하여 인증(이하 "설비인증"이라 한다)을 받을 수 있다. 〈개정 2013.3.23〉
② 제1항에 따라 설비인증을 받으려는 자는 설비인증기관에 그 신 · 재생에너지 설비에 대한 설비인증을 신청하여야 한다.
③ 제2항에 따라 설비인증을 신청하는 경우에는 대통령령으로 정하는 지정기준에 따라 산업통상자원부장관이 지정하는 성능검사기관(이하 "성능검사기관"이라 한다)에서 성능검사를 받은 후 그 기관이 발행한 성능검사결과서를 설비인증기관에 제출하여야 한다. 〈개정 2013.3.23〉
④ 산업통상자원부장관은 제31조에 따른 신 · 재생에너지센터나 그 밖에 신 · 재생에너지의 기술개발 및 이용 · 보급 촉진사업을 하는 자 중 설비인증 업무에 적합하다고 인정되는 자를 설비인증기관으로 지정한다. 〈개정 2013.3.23〉
⑤ 설비인증기관은 제2항에 따라 설비인증을 신청받으면 성능검사기관이 발행한 성능검사결과서에 의하여 산업통상자원부령으로 정하는 설비인증 심사기준에 따라 심사한 후 그 기준에 적합한 신 · 재생에너지 설비에 대하여 설비인증을 하여야 한다. 〈개정 2013.3.23〉
⑥ 설비인증기관의 업무 범위, 설비인증의 절차, 설비인증의 사후관리, 성능검사기관의 지정 절차, 그 밖에 설비인증에 관하여 필요한 사항은 산업통상자원부령으로 정한다. 〈개정 2013.3.23〉
⑦ 산업통상자원부장관은 산업통상자원부령으로 정하는 바에 따라 제3항에 따른 성능검사에 드는 경비의 일부를 지원하거나, 제4항에 따라 지정된 설비인증기관에 대하여 지정 목적상 필요한 범위에서 행정상의 지원 등을 할 수 있다. 〈개정 2013.3.23〉
[전문개정 2010.4.12]

제13조의2(보험·공제 가입) ① 제13조에 따라 설비인증을 받은 자는 신 · 재생에너지 설비의 결함으로 인하여 제3자가 입을 수 있는 손해를 담보하기 위하여 보험 또는 공제에 가입하여야 한다.
② 제1항에 따른 보험 또는 공제의 기간 · 종류 · 대상 및 방법에 필요한 사항은 대통령령으로 정한다.
[본조신설 2013.7.30]

제14조(신·재생에너지 설비 인증의 표시 등) ① 제13조에 따라 설비인증을 받은 자는 그 신 · 재생에너지 설비에 설비인증의 표시를 하거나 설비인증을 받은 것을 홍보할 수 있다.
② 설비인증을 받지 아니한 자는 제1항에 따른 설비인증의 표시 또는 이와 유사한 표시를 하거나 설비인증을 받은 것으로 홍보하여서는 아니 된다.
[전문개정 2010.4.12]

제15조(설비인증의 취소 및 성능검사기관 지정의 취소) ① 설비인증기관은 설비인증을 받은 자가 거짓이나 부정한 방법으로 설비인증을 받은 경우에는 설비인증을 취소하여야 하며, 설비인증을 받은 후 제조하거나 수입하여 판매하는 신 · 재생에너지 설비가 제13조제5항에 따른 설비인증 심사기준에 부적합한 것으로 발견된 경우에는 설비인증을 취소할 수 있다.
② 산업통상자원부장관은 성능검사기관이 다음 각 호의 어느 하나에 해당하는 경우에는 대통령령으로 정하는 바에 따라 그 지정을 취소하거나 1년 이내의 기간을 정하여 업무의 전부 또는 일부의 정지를 명할 수 있다. 다만, 제1호에 해당하는 경우에는 그 지정을 취소하여야 한다. 〈개정 2013.3.23〉
1. 거짓이나 부정한 방법으로 지정을 받은 경우
2. 정당한 사유 없이 지정을 받은 날부터 1년 이상 성능검사 업무를 시작하지 아니하거나 1년 이상 계속하여 성능검사 업무를 중단한 경우
3. 제13조제3항에 따른 지정기준에 적합하지 아니하게 된 경우
[전문개정 2010.4.12]

제16조(수수료) ① 건축물인증기관, 설비인증기관, 성능검사기관 또는 품질검사기관은 건축물인증, 설비인증, 성능검사 또는 품질검사를 신청하는 자로부터 산업통상자원부령으로 정하는 바에 따라 수수료를 받을 수 있다. 〈개정 2013.3.23, 2013.7.30〉
② 공급인증기관은 공급인증서의 발급(발급에 딸린 업무를 포함한다)을 신청하는 자 또는 공급인증서를 거래하는 자로부터 산업통상자원부령으로 정하는 바에 따라 수수료를 받을 수 있다. 〈개정 2013.3.23, 2013.7.30〉
[전문개정 2010.4.12]

제17조(신·재생에너지 발전 기준가격의 고시 및 차액 지원) ① 산업통상자원부장관은 신 · 재생에너지 발전에 의하여 공급되는 전기의 기준가격을 발전원별로 정한 경우에는 그 가격을 고시하여야 한다. 이 경우 기준가격의 산정기준은 대통령령으로 정한다. 〈개정 2013.3.23〉
② 산업통상자원부장관은 신 · 재생에너지 발전에 의하여 공급한 전기의 전력거래가격(「전기사업법」 제33조에 따른 전력거래가격을 말한다)이 제1항에 따라 고시한 기준가격보다 낮은 경우에는 그 전기를 공급한 신 · 재생에너지 발전사업자에 대하여 기준가격과 전력거래가격의 차액(이하 "발전차액"이라 한다)을 「전기사업법」 제48조에 따른 전력산업기반기금에서 우선적으로 지원한다. 〈개정 2013.3.23〉
③ 산업통상자원부장관은 제1항에 따라 기준가격을 고시하는 경우에는 발전차액을 지원하는 기간을 포함하여 고시할 수 있다. 〈개정 2013.3.23〉
④ 산업통상자원부장관은 발전차액을 지원받은 신 · 재생에너지 발전사업자에게 결산재무제표(決算財務諸表) 등 기준가격 설정을 위하여 필요한 자료를 제출할 것을 요구할 수 있다. 〈개정 2013.3.23〉

[전문개정 2010.4.12]
[법률 제10253호(2010.4.12) 부칙 제2조제1항의 규정에 의하여 이 조는 2011년 12월 31일까지 유효함]

第18조(지원 중단 등) ① 산업통상자원부장관은 발전차액을 지원받은 신 · 재생에너지 발전사업자가 다음 각 호의 어느 하나에 해당하면 산업통상자원부령으로 정하는 바에 따라 경고를 하거나 시정을 명하고, 그 시정명령에 따르지 아니하는 경우에는 발전차액의 지원을 중단할 수 있다. 〈개정 2013.3.23〉
1. 거짓이나 부정한 방법으로 발전차액을 지원받은 경우
2. 제17조제4항에 따른 자료요구에 따르지 아니하거나 거짓으로 자료를 제출한 경우
② 산업통상자원부장관은 발전차액을 지원받은 신 · 재생에너지 발전사업자가 제1항제1호에 해당하면 산업통상자원부령으로 정하는 바에 따라 그 발전차액을 환수(還收)할 수 있다. 이 경우 산업통상자원부장관은 발전차액을 반환할 자가 30일 이내에 이를 반환하지 아니하면 국세 체납처분의 예에 따라 징수할 수 있다. 〈개정 2013.3.23〉
[전문개정 2010.4.12]

第19조(재정 신청) 신 · 재생에너지 발전사업자는 신 · 재생에너지 발전에 의하여 생산된 전기를 송전용 또는 배전용 설비를 통하여 「전기사업법」 제35조에 따른 한국전력거래소 또는 전기사용자에게 공급하는 경우 같은 법 제2조제6호에 따른 송전사업자 또는 같은 조 제8호에 따른 배전사업자와 협의가 이루어지지 아니하거나 협의를 할 수 없을 때에는 같은 법 제53조에 따른 전기위원회에 재정(裁定)을 신청할 수 있다.
[전문개정 2010.4.12]

第20조(신·재생에너지 기술의 국제표준화 지원) ① 산업통상자원부장관은 국내에서 개발되었거나 개발 중인 신 · 재생에너지 관련 기술이 「국가표준기본법」 제3조제2호에 따른 국제표준에 부합되도록 하기 위하여 설비인증기관에 대하여 표준화기반 구축, 국제활동 등에 필요한 지원을 할 수 있다. 〈개정 2013.3.23〉
② 제1항에 따른 지원 범위 등에 관하여 필요한 사항은 대통령령으로 정한다.
[전문개정 2010.4.12]

第21조(신·재생에너지 설비 및 그 부품의 공용화) ① 산업통상자원부장관은 신 · 재생에너지 설비 및 그 부품의 호환성(互換性)을 높이기 위하여 그 설비 및 부품을 산업통상자원부장관이 정하여 고시하는 바에 따라 공용화 품목으로 지정하여 운영할 수 있다. 〈개정 2013.3.23〉
② 다음 각 호의 어느 하나에 해당하는 자는 신 · 재생에너지 설비 및 그 부품 중 공용화가 필요한 품목을 공용화 품목으로 지정하여 줄 것을 산업통상자원부장관에게 요청할 수 있다. 〈개정 2013.3.23〉
1. 제31조에 따른 신 · 재생에너지센터
2. 그 밖에 산업통상자원부령으로 정하는 기관 또는 단체
③ 산업통상자원부장관은 신 · 재생에너지 설비 및 그 부품의 공용화를 효율적으로 추진하기 위하여 필요한 지원을 할 수 있다. 〈개정 2013.3.23〉
④ 제1항부터 제3항까지의 규정에 따른 공용화 품목의 지정 · 운영, 지정 요청, 지원기준 등에 관하여 필

요한 사항은 대통령령으로 정한다.
[전문개정 2010.4.12]

제22조(신·재생에너지 설비 설치전문기업의 신고 등) ① 신 · 재생에너지 설비의 설치를 전문으로 하려는 자는 자본금 · 기술인력 등 대통령령으로 정하는 신고기준 및 절차에 따라 산업통상자원부장관에게 신고할 수 있다. 〈개정 2013.3.23〉
② 산업통상자원부장관은 제1항에 따라 신고한 신 · 재생에너지 설비 설치전문기업(이하 "신·재생에너지 전문기업"이라 한다)에 산업통상자원부령으로 정하는 바에 따라 지체 없이 신고증명서를 발급하여야 한다. 〈개정 2013.3.23〉
③ 산업통상자원부장관은 제27조에 따른 보급사업을 위하여 필요하다고 인정하면 신 · 재생에너지 설비의 설치 및 보수에 드는 비용의 일부를 지원하는 등 신 · 재생에너지전문기업에 대통령령으로 정하는 바에 따라 필요한 지원을 할 수 있다. 〈개정 2013.3.23〉
[전문개정 2010.4.12]

제23조 삭제 〈2010.4.12〉

제23조의2(신·재생에너지 연료 혼합의무 등) ① 산업통상자원부장관은 신 · 재생에너지의 이용 · 보급을 촉진하고 신 · 재생에너지 산업의 활성화를 위하여 필요하다고 인정하는 경우 대통령령으로 정하는 바에 따라 「석유 및 석유대체연료 사업법」 제2조에 따른 석유정제업자 또는 석유수출입업자(이하 "혼합의무자"라 한다)에게 일정 비율(이하 "혼합의무비율"이라 한다) 이상의 신 · 재생에너지 연료를 수송용연료에 혼합하게 할 수 있다.
② 산업통상자원부장관은 제1항에 따른 혼합의무의 이행 여부를 확인하기 위하여 혼합의무자에게 대통령령으로 정하는 바에 따라 필요한 자료의 제출을 요구할 수 있다.
[본조신설 2013.7.30]
[시행일 : 2015.7.31] 제23조의2

제23조의3(의무 불이행에 대한 과징금) ① 산업통상자원부장관은 혼합의무자가 혼합의무비율을 충족시키지 못한 경우에는 대통령령으로 정하는 바에 따라 그 부족분에 해당 연도 평균거래가격의 100분의 150을 곱한 금액의 범위에서 과징금을 부과할 수 있다.
② 산업통상자원부장관은 제1항에 따른 과징금을 납부하여야 할 자가 납부기한까지 그 과징금을 납부하지 아니한 때에는 국세 체납처분의 예에 따라 징수한다.
③ 제1항 및 제2항에 따라 징수한 과징금은 「에너지및자원사업특별회계법」에 따른 에너지및자원사업특별회계의 재원으로 귀속된다.
[본조신설 2013.7.30]
[시행일 : 2015.7.31] 제23조의3

제23조의4(관리기관의 지정) ① 산업통상자원부장관은 혼합의무자의 혼합의무비율 이행을 효율적으로 관리하기 위하여 다음 각 호의 어느 하나에 해당하는 자를 혼합의무 관리기관(이하 "관리기관"이라 한다)으

로 지정할 수 있다
1. 제31조에 따른 신 · 재생에너지센터
2. 「석유 및 석유대체연료 사업법」 제25조의2에 따른 한국석유관리원
② 관리기관으로 지정받으려는 자는 산업통상자원부장관에게 지정을 신청하여야 한다.
③ 관리기관의 신청 및 지정 기준 · 방법 및 절차, 그 밖에 필요한 사항은 산업통상자원부령으로 정한다.
[본조신설 2013.7.30]
[시행일 : 2015.7.31] 제23조의4

제23조의5(관리기관의 업무) ① 제23조의4에 따라 지정된 관리기관은 다음 각 호의 업무를 수행한다.
1. 혼합의무 이행실적의 집계 및 검증
2. 의무이행 관련 정보의 수집 및 관리
3. 그 밖에 혼합의무의 이행과 관련하여 산업통상자원부장관이 필요하다고 인정하는 업무
② 관리기관은 제1항에 따른 업무를 수행하기 위하여 필요한 기준(이하 "혼합의무 관리기준"이라 한다)을 정하여 산업통상자원부장관의 승인을 받아야 한다. 승인받은 혼합의무 관리기준을 변경하는 경우에도 또한 같다.
③ 산업통상자원부장관은 관리기관에 혼합의무 관리에 관한 계획, 실적 및 정보에 관한 보고를 명하거나 자료의 제출을 요구할 수 있다.
④ 제3항에 따른 관리기관의 보고, 자료제출 및 그 밖에 혼합의무 운영에 필요한 사항은 산업통상자원부령으로 정한다.
⑤ 산업통상자원부장관은 관리기관이 다음 각 호의 어느 하나에 해당하는 경우에는 기간을 정하여 시정을 명할 수 있다.
1. 혼합의무 관리기준을 준수하지 아니한 경우
2. 제3항에 따른 보고 또는 자료제출을 하지 아니하거나 거짓으로 보고 또는 자료제출을 한 경우
[본조신설 2013.7.30]
[시행일 : 2015.7.31] 제23조의5

제23조의6(관리기관의 지정 취소 등) ① 산업통상자원부장관은 관리기관이 다음 각 호의 어느 하나에 해당하는 경우에는 그 지정을 취소하거나 1년 이내의 기간을 정하여 업무의 전부 또는 일부의 정지를 명할 수 있다. 다만 제1호 또는 제2호에 해당하는 경우에는 그 지정을 취소하여야 한다.
1. 거짓이나 그 밖의 부정한 방법으로 관리기관 지정을 받은 경우
2. 업무정지 기간에 관리업무를 계속한 경우
3. 제23조의4에 따른 지정기준에 부적합하게 된 경우
4. 제23조의5제5항에 따른 시정명령을 이행하지 아니한 경우
② 산업통상자원부장관은 관리기관이 제1항제3호 또는 제4호에 해당하여 업무정지를 명하여야 하는 경우로서 그 업무의 정지가 그 이용자 등에게 심한 불편을 주거나 그 밖에 공익을 해칠 우려가 있으면 그 업무정지 처분을 갈음하여 5천만원 이하의 과징금을 부과할 수 있다.
③ 제2항에 따라 과징금을 부과하는 위반행위의 종별 · 정도 등에 따른 과징금의 금액과 그 밖에 필요한 사항은 대통령령으로 정한다.

④ 산업통상자원부장관은 제2항에 따른 과징금을 납부하여야 할 자가 납부기한까지 그 과징금을 납부하지 아니한 때에는 국세 체납처분의 예에 따라 징수한다.
⑤ 제1항에 따른 지정 취소, 업무정지의 기준 및 절차, 그 밖에 필요한 사항은 산업통상자원부령으로 정한다.
[본조신설 2013.7.30]
[시행일 : 2015.7.31] 제23조의6

第24조(청문) 산업통상자원부장관은 다음 각 호에 해당하는 처분을 하려면 청문을 하여야 한다. 〈개정 2013.3.23, 2013.7.30〉
1. 제12조의10제1항에 따른 공급인증기관의 지정 취소
2. 제15조제2항에 따른 성능검사기관의 지정 취소
3. 제23조의6에 따른 관리기관의 지정 취소
[전문개정 2010.4.12]

第25조(관련 통계의 작성 등) ① 산업통상자원부장관은 기본계획 및 실행계획 등 신·재생에너지 관련 시책을 효과적으로 수립·시행하기 위하여 필요한 국내외 신·재생에너지의 수요·공급에 관한 통계자료를 조사·작성·분석 및 관리할 수 있으며, 이를 위하여 필요한 자료와 정보를 제11조제1항에 따른 기관이나 신·재생에너지 설비의 생산자·설치자·사용자에게 요구할 수 있다. 〈개정 2013.3.23〉
② 산업통상자원부장관은 산업통상자원부령으로 정하는 바에 따라 전문성이 있는 기관을 지정하여 제1항에 따른 통계의 조사·작성·분석 및 관리에 관한 업무의 전부 또는 일부를 하게 할 수 있다. 〈개정 2013.3.23〉
[전문개정 2010.4.12]

第26조(국유재산·공유재산의 임대 등) ① 국가 또는 지방자치단체는 신·재생에너지 기술개발 및 이용·보급에 관한 사업을 위하여 필요하다고 인정하면 「국유재산법」 또는 「공유재산 및 물품 관리법」에도 불구하고 수의계약(隨意契約)에 따라 국유재산 또는 공유재산을 신·재생에너지 기술개발 및 이용·보급에 관한 사업을 하는 자에게 대부계약의 체결 또는 사용허가(이하 "임대"라 한다)를 하거나 처분할 수 있다.
② 국가 또는 지방자치단체가 제1항에 따라 국유재산 또는 공유재산을 임대하는 경우에는 「국유재산법」 또는 「공유재산 및 물품 관리법」에도 불구하고 자진철거 및 철거비용의 공탁을 조건으로 영구시설물을 축조하게 할 수 있다. 다만, 공유재산에 영구시설물을 축조하려면 조례로 정하는 절차에 따라 지방의회의 동의를 받아야 한다.
③ 제1항에 따른 국유재산 및 공유재산의 임대기간은 10년 이내로 하되, 국유재산은 종전의 임대기간을 초과하지 아니하는 범위에서 갱신할 수 있고, 공유재산은 지방자치단체의 장이 필요하다고 인정하는 경우 1회에 한하여 10년 이내의 기간에서 연장할 수 있다.
④ 제1항에 따라 국유재산 또는 공유재산을 임차하거나 취득한 자가 임대일 또는 취득일부터 2년 이내에 해당 재산에서 신·재생에너지 기술개발 및 이용·보급에 관한 사업을 시행하지 아니하는 경우에는 대부계약 또는 사용허가를 취소하거나 환매할 수 있다.
⑤ 지방자치단체가 제1항에 따라 공유재산을 임대하는 경우에는 「공유재산 및 물품 관리법」에도 불구하

고 임대료를 100분의 50의 범위에서 경감할 수 있다. 〈신설 2013.7.30〉
[전문개정 2010.4.12]

제27조(보급사업) ① 산업통상자원부장관은 신 · 재생에너지의 이용 · 보급을 촉진하기 위하여 필요하다고 인정하면 대통령령으로 정하는 바에 따라 다음 각 호의 보급사업을 할 수 있다. 〈개정 2013.3.23〉
1. 신기술의 적용사업 및 시범사업
2. 환경친화적 신 · 재생에너지 집적화단지(集積化團地) 및 시범단지 조성사업
3. 지방자치단체와 연계한 보급사업
4. 실용화된 신 · 재생에너지 설비의 보급을 지원하는 사업
5. 그 밖에 신 · 재생에너지 기술의 이용 · 보급을 촉진하기 위하여 필요한 사업으로서 산업통상자원부장관이 정하는 사업

② 산업통상자원부장관은 개발된 신 · 재생에너지 설비가 설비인증을 받거나 신 · 재생에너지 기술의 국제표준화 또는 신 · 재생에너지 설비와 그 부품의 공용화가 이루어진 경우에는 우선적으로 제1항에 따른 보급사업을 추진할 수 있다. 〈개정 2013.3.23〉
③ 관계 중앙행정기관의 장은 환경 개선과 신 · 재생에너지의 보급 촉진을 위하여 필요한 협조를 할 수 있다.
[전문개정 2010.4.12]

제28조(신·재생에너지 기술의 사업화) ① 산업통상자원부장관은 자체 개발한 기술이나 제10조에 따른 사업비를 받아 개발한 기술의 사업화를 촉진시킬 필요가 있다고 인정하면 다음 각 호의 지원을 할 수 있다. 〈개정 2013.3.23〉
1. 시험제품 제작 및 설비투자에 드는 자금의 융자
2. 신 · 재생에너지 기술의 개발사업을 하여 정부가 취득한 산업재산권의 무상 양도
3. 개발된 신 · 재생에너지 기술의 교육 및 홍보
4. 그 밖에 개발된 신 · 재생에너지 기술을 사업화하기 위하여 필요하다고 인정하여 산업통상자원부장관이 정하는 지원사업

② 제1항에 따른 지원의 대상, 범위, 조건 및 절차, 그 밖에 필요한 사항은 산업통상자원부령으로 정한다. 〈개정 2013.3.23〉
[전문개정 2010.4.12]

제29조(재정상 조치 등) 정부는 제12조에 따라 권고를 받거나 의무를 준수하여야 하는 자, 신 · 재생에너지 기술개발 및 이용 · 보급을 하고 있는 자 또는 제13조에 따라 설비인증을 받은 자에 대하여 필요한 경우 금융상 · 세제상의 지원대책이나 그 밖에 필요한 지원대책을 마련하여야 한다.
[전문개정 2010.4.12]

제30조(신·재생에너지의 교육·홍보 및 전문인력 양성) ① 정부는 교육 · 홍보 등을 통하여 신 · 재생에너지의 기술개발 및 이용 · 보급에 관한 국민의 이해와 협력을 구하도록 노력하여야 한다.
② 산업통상자원부장관은 신 · 재생에너지 분야 전문인력의 양성을 위하여 신 · 재생에너지 분야 특성화

대학 및 핵심기술연구센터를 지정하여 육성 · 지원할 수 있다. 〈개정 2013.3.23〉
[전문개정 2010.4.12]

제30조의2(신·재생에너지사업자의 공제조합 가입 등) ① 신 · 재생에너지 발전사업자, 신 · 재생에너지 연료사업자, 신 · 재생에너지 전문기업, 신 · 재생에너지 설비의 제조 · 수입 및 판매 등의 사업을 영위하는 자(이하 "신·재생에너지사업자"라 한다)는 신 · 재생에너지의 기술개발 및 이용 · 보급에 필요한 사업(이하 "신·재생에너지사업"이라 한다)을 원활히 수행하기 위하여 「엔지니어링산업 진흥법」 제34조에 따른 공제조합의 조합원으로 가입할 수 있다.
② 제1항에 따른 공제조합은 다음 각 호의 사업을 실시할 수 있다.
1. 신 · 재생에너지사업에 따른 채무 또는 의무 이행에 필요한 공제, 보증 및 자금의 융자
2. 신 · 재생에너지사업의 수출에 따른 공제 및 주거래은행의 설정에 관한 보증
3. 신 · 재생에너지사업의 대가로 받은 어음의 할인
4. 신 · 재생에너지사업에 필요한 기자재의 공동구매 · 조달 알선 또는 공동위탁판매
5. 조합원 및 조합원에게 고용된 자의 복지 향상을 위한 공제사업
6. 조합원의 정보처리 및 컴퓨터 운용과 관련된 서비스 제공
7. 조합원이 공동으로 이용하는 시설의 설치, 운영, 그 밖에 조합원의 편익 증진을 위한 사업
8. 그 밖에 제1호부터 제7호까지의 사업에 부대되는 사업으로서 정관으로 정하는 공제사업
③ 제2항에 따른 공제규정, 공제규정으로 정할 내용, 공제사업의 절차 및 운영 방법에 필요한 사항은 대통령령으로 정한다.
[본조신설 2013.7.30]

제31조(신·재생에너지센터) ① 산업통상자원부장관은 신 · 재생에너지의 이용 및 보급을 전문적이고 효율적으로 추진하기 위하여 대통령령으로 정하는 에너지 관련 기관에 신 · 재생에너지센터(이하 "센터"라 한다)를 두어 신 · 재생에너지 분야에 관한 다음 각 호의 사업을 하게 할 수 있다. 〈개정 2013.3.23, 2013.7.30〉
1. 제11조제1항에 따른 신 · 재생에너지의 기술개발 및 이용 · 보급사업의 실시자에 대한 지원 · 관리
2. 제12조제2항 및 제3항에 따른 신 · 재생에너지 이용의무의 이행에 관한 지원 · 관리
3. 제12조의2에 따른 건축물인증에 관한 지원 · 관리
4. 제12조의5에 따른 신 · 재생에너지 공급의무의 이행에 관한 지원 · 관리
5. 제12조의9에 따른 공급인증기관의 업무에 관한 지원 · 관리
6. 제13조에 따른 설비인증에 관한 지원 · 관리
7. 이미 보급된 신 · 재생에너지 설비에 대한 기술지원
8. 제20조에 따른 신 · 재생에너지 기술의 국제표준화에 대한 지원 · 관리
9. 제21조에 따른 신 · 재생에너지 설비 및 그 부품의 공용화에 관한 지원 · 관리
10. 제22조에 따른 신 · 재생에너지전문기업에 대한 지원 · 관리
11. 제23조의2에 따른 신 · 재생에너지 연료 혼합의무의 이행에 관한 지원 · 관리
12. 제25조에 따른 통계관리
13. 제27조에 따른 신 · 재생에너지 보급사업의 지원 · 관리

14. 제28조에 따른 신 · 재생에너지 기술의 사업화에 관한 지원 · 관리
15. 제30조에 따른 교육 · 홍보 및 전문인력 양성에 관한 지원 · 관리
16. 국내외 조사 · 연구 및 국제협력 사업
17. 제1호 · 제3호 및 제5호부터 제8호까지의 사업에 딸린 사업
18. 그 밖에 신 · 재생에너지의 이용 · 보급 촉진을 위하여 필요한 사업으로서 산업통상자원부장관이 위탁하는 사업

② 산업통상자원부장관은 센터가 제1항의 사업을 하는 경우 자금 출연이나 그 밖에 필요한 지원을 할 수 있다. 〈개정 2013.3.23〉

③ 센터의 조직 · 인력 · 예산 및 운영에 관하여 필요한 사항은 산업통상자원부령으로 정한다. 〈개정 2013.3.23〉

[전문개정 2010.4.12]

제32조(권한의 위임·위탁) ① 이 법에 따른 산업통상자원부장관의 권한은 그 일부를 대통령령으로 정하는 바에 따라 소속 기관의 장, 특별시장 · 광역시장 · 도지사 또는 특별자치도지사(이하 "시·도지사"라 한다)에게 위임할 수 있다. 〈개정 2013.3.23〉

② 이 법에 따른 산업통상자원부장관 또는 시 · 도지사의 업무는 그 일부를 대통령령으로 정하는 바에 따라 센터 또는「에너지법」제13조에 따른 한국에너 지기술평가원에 위탁할 수 있다. 〈개정 2013.3.23〉

[전문개정 2010.4.12]

제33조(벌칙 적용 시의 공무원 의제) 다음 각 호에 해당하는 사람은「형법」제129조부터 제132조까지의 규정을 적용할 때에는 공무원으로 본다. 〈개정 2013.7.30〉

1. 건축물인증 업무에 종사하는 건축물인증기관의 임직원
2. 공급인증서의 발급 · 거래 업무에 종사하는 공급인증기관의 임직원
3. 설비인증 업무에 종사하는 설비인증기관의 임직원
4. 성능검사 업무에 종사하는 성능검사기관의 임직원
5. 신 · 재생에너지 연료 품질검사 업무에 종사하는 품질검사기관의 임직원
6. 혼합의무비율 이행을 효율적으로 관리하는 업무에 종사하는 관리기관의 임직원

[전문개정 2010.4.12]

제34조(벌칙) ① 거짓이나 부정한 방법으로 제17조에 따른 발전차액을 지원받은 자와 그 사실을 알면서 발전차액을 지급한 자는 3년 이하의 징역 또는 지원받은 금액의 3배 이하에 상당하는 벌금에 처한다.

② 거짓이나 부정한 방법으로 공급인증서를 발급받은 자와 그 사실을 알면서 공급인증서를 발급한 자는 3년 이하의 징역 또는 3천만원 이하의 벌금에 처한다.

③ 제12조의7제5항을 위반하여 공급인증기관이 개설한 거래시장 외에서 공급인증서를 거래한 자는 2년 이하의 징역 또는 2천만원 이하의 벌금에 처한다.

④ 법인의 대표자나 법인 또는 개인의 대리인, 사용인, 그 밖의 종업원이 그 법인 또는 개인의 업무에 관하여 제1항부터 제3항까지의 어느 하나에 해당하는 위반행위를 하면 그 행위자를 벌하는 외에 그 법인 또는 개인에게도 해당 조문의 벌금형을 과(科)한다. 다만, 법인 또는 개인이 그 위반행위를 방지하기 위

하여 해당 업무에 관하여 상당한 주의와 감독을 게을리하지 아니한 경우에는 그러하지 아니하다.
[전문개정 2010.4.12]

제35조(과태료) ① 다음 각 호의 어느 하나에 해당하는 자에게는 1천만원 이하의 과태료를 부과한다. 〈개정 2013.7.30〉

1. 거짓이나 부정한 방법으로 설비인증을 받은 자
2. 건축물인증기관으로부터 건축물인증을 받지 아니하고 건축물인증의 표시 또는 이와 유사한 표시를 하거나 건축물인증을 받은 것으로 홍보한 자
3. 설비인증기관으로부터 설비인증을 받지 아니하고 설비인증의 표시 또는 이와 유사한 표시를 하거나 설비인증을 받은 것으로 홍보한 자
4. 제13조의2를 위반하여 보험 또는 공제에 가입하지 아니한 자

② 제1항에 따른 과태료는 대통령령으로 정하는 바에 따라 산업통상자원부장관이 부과 · 징수한다. 〈개정 2013.3.23〉
[전문개정 2010.4.12]

제35조(과태료) ① 다음 각 호의 어느 하나에 해당하는 자에게는 1천만원 이하의 과태료를 부과한다. 〈개정 2013.7.30〉

1. 거짓이나 부정한 방법으로 설비인증을 받은 자
2. 건축물인증기관으로부터 건축물인증을 받지 아니하고 건축물인증의 표시 또는 이와 유사한 표시를 하거나 건축물인증을 받은 것으로 홍보한 자
3. 설비인증기관으로부터 설비인증을 받지 아니하고 설비인증의 표시 또는 이와 유사한 표시를 하거나 설비인증을 받은 것으로 홍보한 자
4. 제13조의2를 위반하여 보험 또는 공제에 가입하지 아니한 자
5. 제23조의2제2항에 따른 자료제출요구에 따르지 아니하거나 거짓 자료를 제출한 자

② 제1항에 따른 과태료는 대통령령으로 정하는 바에 따라 산업통상자원부장관이 부과 · 징수한다. 〈개정 2013.3.23〉
[전문개정 2010.4.12]
[시행일 : 2015.7.31] 제35조제1항제5호

부 칙 〈제11965호, 2013.7.30〉

제1조(시행일) 이 법은 공포 후 3개월이 경과한 날부터 시행한다. 다만, 제23조의2부터 제23조의6까지 및 제35조제1항제5호의 개정규정은 공포 후 2년이 경과한 날부터 시행한다.

제2조(신·재생에너지 연료 혼합의무에 관한 경과조치) ① 산업통상자원부장관은 신 · 재생에너지의 이용 · 보급을 촉진하고 신 · 재생에너지 산업의 활성화를 위하여 필요하다고 인정하는 경우 「석유 및 석유대체연료 사업법」 제2조에 따른 석유정제업자 또는 석유수출입업자가 수송용연료에 혼합하여야 하는 신 ·

재생에너지 연료의 비율을 정하여 고시할 수 있다.

② 제1항에 따라 산업통상자원부장관이 정한 혼합의무비율은 이 법 공포 후 2년이 경과한 날 전날까지 적용한다.

제3조(다른 법률의 개정) ① 가축분뇨의 관리 및 이용에 관한 법률 일부를 다음과 같이 개정한다.

제2조제4호 중 "「신에너지 및 재생에너지 개발 · 이용 · 보급 촉진법」제2조제1호나목"을 "「신에너지 및 재생에너지 개발 · 이용 · 보급 촉진법」 제2조제2호바목"으로 한다.

② 사회기반시설에 대한 민간투자법 일부를 다음과 같이 개정한다.

제2조제1호무목 중 "「신에너지 및 재생에너지 개발 · 이용 · 보급 촉진법」 제2조제2호"를 "「신에너지 및 재생에너지 개발 · 이용 · 보급 촉진법」 제2조제3호"로 한다.

③ 산업집적활성화 및 공장설립에 관한 법률 일부를 다음과 같이 개정한다.

제38조의2제1항 단서 중 "「신에너지 및 재생에너지 개발 · 이용 · 보급 촉진법」 제2조제1호가목"을 "「신에너지 및 재생에너지 개발 · 이용 · 보급 촉진법」 제2조제2호가목"으로 한다.

④ 산업기술혁신 촉진법 일부를 다음과 같이 개정한다.

제2조제1호 중 "「신에너지 및 재생에너지 개발 · 이용 · 보급 촉진법」 제2조제1호에 따른 신 · 재생에너지"를 "「신에너지 및 재생에너지 개발 · 이용 · 보급 촉진법」 제2조제1호 및 제2호에 따른 신에너지 및 재생에너지"로 한다.

⑤ 법률 제11542호 새만금사업 추진 및 지원에 관한 특별법 일부를 다음과 같이 개정한다.

제2조제2호바목 중 "「신에너지 및 재생에너지 개발 · 이용 · 보급 촉진법」 제2조제1호 및 제2호"를 "「신에너지 및 재생에너지 개발 · 이용 · 보급 촉진법」 제2조제1호부터 제3호까지"로 한다.

⑥ 에너지법 일부를 다음과 같이 개정한다.

제2조제3호 중 "「신에너지 및 재생에너지 개발 · 이용 · 보급 촉진법」 제2조제1호"를 "「신에너지 및 재생에너지 개발 · 이용 · 보급 촉진법」 제2조제1호 및 제2호"로 한다.

⑦ 저탄소 녹색성장 기본법 일부를 다음과 같이 개정한다.

제2조제14호 중 "「신에너지 및 재생에너지 개발 · 이용 · 보급 촉진법」 제2조제1호"를 "「신에너지 및 재생에너지 개발 · 이용 · 보급 촉진법」 제2조제1호 및 제2호"로 한다.

⑧ 전기사업법 일부를 다음과 같이 개정한다.

제31조제4항제3호 중 "「신에너지 및 재생에너지 개발 · 이용 · 보급 촉진법」 제2조제1호에 따른 신 · 재생에너지"를 "「신에너지 및 재생에너지 개발 · 이용 · 보급 촉진법」 제2조제1호 및 제2호에 따른 신에너지 및 재생에너지"로 한다.

제49조제1호 중 "「신에너지 및 재생에너지 개발 · 이용 · 보급 촉진법」 제2조제1호에 따른 신 · 재생에너지"를 "「신에너지 및 재생에너지 개발 · 이용 · 보급 촉진법」 제2조제1호 및 제2호에 따른 신에너지 및 재생에너지"로 한다.

⑨ 조세특례제한법 일부를 다음과 같이 개정한다.

제118조제1항제3호 중 "「신에너지 및 재생에너지 개발 · 이용 · 보급 촉진법」 제2조제1호에 따른 신 · 재생에너지"를 "「신에너지 및 재생에너지 개발 · 이용 · 보급 촉진법」 제2조제1호 및 제2호에 따른 신에너지 및 재생에너지"로 한다.

⑩ 집단에너지사업법 일부를 다음과 같이 개정한다.

제8조제3항 중 "「신에너지 및 재생에너지 개발 · 이용 · 보급 촉진법」 제2조제1호에 따른 신 · 재생에너지"를 "「신에너지 및 재생에너지 개발 · 이용 · 보급 촉진법」 제2조제1호 및 제2호에 따른 신에너지 및 재생에너지"로 한다.
제41조제1항제3호 중 "「신에너지 및 재생에너지 개발 · 이용 · 보급 촉진법」 제2조제1호에 따른 신 · 재생에너지"를 "「신에너지 및 재생에너지 개발 · 이용 · 보급 촉진법」 제2조제1호 및 제2호에 따른 신에너지 및 재생에너지"로 한다.
⑪ 폐기물관리법 일부를 다음과 같이 개정한다.
제54조 중 "「신에너지 및 재생에너지 개발 · 이용 · 보급 촉진법」 제2조제2호"를 "「신에너지 및 재생에너지 개발 · 이용 · 보급 촉진법」 제2조제3호"로 한다.
⑫ 한국도로공사법 일부를 다음과 같이 개정한다.
제12조제1항제9호의2 중 "「신에너지 및 재생에너지 개발 · 이용 · 보급 촉진법」 제2조제2호"를 "「신에너지 및 재생에너지 개발 · 이용 · 보급 촉진법」 제2조제3호"로 한다.
⑬ 해외농업개발협력법 일부를 다음과 같이 개정한다.
제2조제3호 중 "「신에너지 및 재생에너지 개발 · 이용 · 보급 촉진법」 제2조제1호나목"을 "「신에너지 및 재생에너지 개발 · 이용 · 보급 촉진법」 제2조제2호바목"으로 한다.

제4조(다른 법률과의 관계) 이 법 시행 당시 다른 법률에서 종전의 규정을 인용한 경우 이 법 가운데 그에 해당하는 규정이 있으면 종전의 규정을 갈음하여 이 법의 해당 규정을 인용한 것으로 본다.

Reference 참고문헌

김상길, 태양광 발전 실습, 태영문화사, 2012. 7.
나가오 다케히코, 태양광발전시스템의 설계와 시공(개정3판), 태양광발전협회, 오옴사, 2009. 1.
박용태, 태양광 발전의 개요와 태양광발전소의 설계, 대우엔지니어링기술보, 제23권 제1호
박종화, 알기 쉬운 태양광발전, 문운당, 2012. 1.
산업통상자원부 기술표준원, 태양광발전 용어 모음(2010년 최종판), 2010.
셈웨어기술연구소, CEMTool을 이용한 태양광 발전 이해와 실습, 아진, 2012. 11.
신재생에너지기술, 강원도교육청, 이봉섭, 박해익, 이재성 조문택, 백경진, 2013. 1.
에너지관리공단 신재생에너지센터
에너지관리공단 신재생에너지센터, 태양광, 북스힐, 2008. 7.
유춘식, 그린에너지의 이해와 태양광발전시스템, 연경문화사, 2009. 3.
이순형, 태양광발전시스템의 계획과 설계, 기다리, 2008. 8.
이현화, 저탄소 녹색성장을 위한 태양광발전, 기다리, 2009. 1.
이현화, 태양광발전시스템 설계 및 시공, 인포더북스, 2009. 12.
이형연 · 김대일, 태양광발전시스템 이론 및 설치 가이드북, 신기술, 2011. 7.
태양광 발전솔루션, 한국전력공사 예산지사 기술총괄팀, 2006. 11.
태양광발전연구회, 태양광 발전(알기 쉬운 태양광 발전의 원리와 응용), 기문당, 2011. 6.
한국전기안전공사, 태양광 발전설비 점검 · 검사 기술지침, 2010. 10.
한국전기안전공사, 태양광발전설비 검검, 검사 기술지침, 2010. 10.
한국전력 분산형 전원 계통 연계기준

태양광발전시스템 운영

초판1쇄 인쇄 2014년 3월 10일
초판1쇄 발행 2014년 3월 15일

저　　자 정 석 모 · 이 지 성

펴 낸 이 임 순 재

펴 낸 곳 **에듀한올**

등　　록 제11-403호

주　　소 서울시 마포구 성산동 133-3 한올빌딩 3층

전　　화 (02)376-4298(대표)

팩　　스 (02)302-8073

홈페이지 www.hanol.co.kr

e - 메 일 hanol@hanol.co.kr

값 12,000원 ISBN 979-11-85596-99-0